U0268355

城乡建设发展系列丛书

页岩气开发补贴绩效评价与优化对策研究

STUDY ON PERFORMANCE EVALUATION AND OPTIMIZATION COUNTERMEASURES OF SHALE GAS DEVELOPMENT SUBSIDIES

黄聿铭 ◎ 著

图书在版编目（CIP）数据

页岩气开发补贴绩效评价与优化对策研究/黄聿铭著．—北京：经济管理出版社，2023.12
ISBN 978-7-5096-9550-0

Ⅰ.①页…　Ⅱ.①黄…　Ⅲ.①油页岩—油气田开发—财政补贴—经济绩效—经济评价—研究—中国　Ⅳ.①P618.130.8

中国国家版本馆 CIP 数据核字（2024）第 020147 号

组稿编辑：杨　雪
责任编辑：杨　雪
助理编辑：付姝怡
责任印制：许　艳
责任校对：张晓燕

出版发行：经济管理出版社
（北京市海淀区北蜂窝 8 号中雅大厦 A 座 11 层　100038）
网　　址：www.E-mp.com.cn
电　　话：（010）51915602
印　　刷：唐山昊达印刷有限公司
经　　销：新华书店
开　　本：720mm×1000mm/16
印　　张：11.75
字　　数：203 千字
版　　次：2024 年 2 月第 1 版　　2024 年 2 月第 1 次印刷
书　　号：ISBN 978-7-5096-9550-0
定　　价：78.00 元

· 版权所有　翻印必究 ·
凡购本社图书，如有印装错误，由本社发行部负责调换。
联系地址：北京市海淀区北蜂窝 8 号中雅大厦 11 层
电话：（010）68022974　　邮编：100038

本书的出版得到了河南财经政法大学博士后创新实践基地、河南财经政法大学校级课题（No. 22HNCDXJ17）的支持

前 言

随着我国经济社会的高速发展，天然气消费快速攀升，对保障天然气供应安全提出了更高要求。我国页岩气资源储量非常丰富，页岩气的成功开发成为调整我国能源结构、减少碳排放及改善能源供需矛盾的现实可行路径。但由于我国页岩气地质成藏、地表条件复杂，关键技术不成熟，以及无法与常规天然气相比较的高开发成本，使得页岩气项目难以吸引社会资本。这就决定了页岩气开发客观上需要政府相关部门提供必要的财政支持，以提高社会资本参与积极性，从而促进页岩气产业发展。然而，我国页岩气补贴存在不少需要完善的问题，诸如补贴力度小、补贴范围窄、实施门槛高、补贴不到位、页岩气开发商投资意愿低等。这些问题说明亟须构建页岩气开发补贴绩效评价体系，以此剖析页岩气开发补贴过程中存在的问题，为合理有效制定补贴政策提供理论支撑和对策建议。在此基础上，针对我国页岩气区块特征的差异化补贴方式，通过构建页岩气开发补贴测算模型，为补贴额度的优化提供初步设想。

本书的主要研究内容如下：

（1）相关文献综述。在系统地梳理国内外页岩气开发补贴政策相关研究成果的基础上，分析我国与美国页岩气补贴政策存在的差距，明确我国页岩气开发补贴的必要性，并指出页岩气补贴绩效评价及补贴额度测算相关研究的缺乏。

（2）构建页岩气开发补贴绩效评价体系。在明确指标选取基本原则的基础上，运用关键绩效指标法（Key Performance Indication，KPI）结合页岩气开发项目特征，从财务、效率、规模及风险四个维度选定 12 个评价指标，构建页岩气开发补贴绩效评价的指标体系。利用涪陵和威远两个区块的补贴绩效评价案例比较，得出页岩气开发补贴绩效存在区域差异性的结论。

（3）页岩气开发补贴绩效影响机理分析。从页岩气开发补贴参与主体视角出发，分析补贴对政府绩效、企业绩效的影响机理。基于政府补贴政策最终目标是通过补贴行为刺激企业加大投资生产，促进页岩气产业发展，最终实现页岩气增产及其增产附带的社会收益，因此从页岩气产量入手，提出补贴对政府期望绩效的影响机理：页岩气开发补贴有助于页岩气增产。另外，从企业自身经济效益着手，通过分析补贴对企业生产积极性及生产效率两个指标的影响来探究补贴绩效的影响机理。

（4）页岩气开发补贴绩效影响实证分析。基于涪陵、威远、昭通三大示范区页岩气产量情况，利用面板门槛回归模型定量分析补贴对页岩气增产效应的影响，验证补贴是否有助于页岩气增产；用页岩气开发生产费用投入指标量化企业生产积极性，基于三大区块相关财务数据，利用多元线性回归模型测度补贴对企业生产积极性的提升作用；基于以页岩气为主营业务的上市公司的年报数据，利用 DEA 模型和 Malmquist 指数法分析政府补贴对其生产效率的影响，验证补贴是否能够提升企业生产效率。

（5）补贴额度测算模型的框架构建。分析设计页岩气开发补贴额度需要考虑的因素，提出优化补贴额度测算模型建立的思路。将政府补贴分为基本补贴和可变补贴两部分。基本补贴通过净现值法，以保障企业基本收益率为前提计算得到。可变补贴目的是发挥激励作用，刺激不同区块均衡开发，最终提升页岩气产量，以委托—代理模型求解可变补贴激励强度系数来确定。最后利用涪陵与威远区块某页岩气钻井平台工程案例对优化补贴额度测算模型进行验证。

（6）结论及展望。整合本书的理论与实证分析结果，简要概括本书结论，并提出进一步深入页岩气开发补贴绩效评价、完善页岩气补贴额度测算模型的具体措施。

本书的创新之处在于：一是立足于我国页岩气开发补贴政策研究现状，首次尝试从财务维度、效率维度、规模维度及风险维度构建页岩气开发补贴绩效评价指标体系。二是利用以页岩气开发为主营业务的上市公司的年报数据，运用静态与动态分析相结合估计补贴对企业生产效率的影响效果。

三是从生产积极性角度分析补贴对企业绩效的影响机理，填补了当前国内有关页岩气开发补贴政策绩效研究的空白。四是将现有均一化产量补贴分成基本补贴和可变补贴两部分，利用净现值法与委托—代理模型分别测算，最终得到优化后的综合补贴值。

本书终于能够付诸出版，感触良多的不仅是因为一项工作的终结或者是结果，更多的是自己的写作反映了工作经验和知识积累的全过程。本书是在笔者的博士论文基础上修改完善而成，在这个再度编写整理书稿的过程中，首先要特别感谢我的博士生导师张定宇一直以来给予的鼓励和肯定，感谢河南财经政法大学工程管理与房地产学院提供的平台和支持，感谢张扬副校长、张改清副院长给予的指导，感谢河南大学环境与规划学院苗长虹教授的指导，感谢何天一、魏乐陶同学在书稿整理过程中提供的帮助。其次，本书的顺利出版得到了河南财经政法大学博士后创新实践基地的大力支持和河南财经政法大学校级课题（No. 22HNCDXJ17）的有力赞助。

最后，由于笔者水平有限，编写时间仓促，所以书中错误和不足之处在所难免，恳请广大读者批评指正。

黄东铭

2023 年 10 月 1 日

目　录

第一章
引　言

第一节　研究背景及意义

一、页岩气产业发展的必要性

1. 能源结构调整需求

国际能源署《全球能源与二氧化碳现状报告2018》指出，2018年，世界一次性消费结构中，煤炭和天然气消费量占比分别为26%和23%（王能全，2019）。我国目前仍然是以煤炭消费为主导。根据国家能源局2018年发布的《2018年能源工作指导意见》，2018年以前，煤炭消费占一次性能源消费比例一直超过60%，2018年首次降至59%，清洁能源仅占22.1%。由于煤炭与天然气在能耗及环保方面差距较大，加之国家及民众的环保诉求，能源结构转型和调整势在必行。

我国一次能源消费中天然气占比（2018年7.8%，2019年8.3%）远远低于亚洲国家平均水平（12.1%）和全球平均水平（24.8%），与美国（超过30%）、俄罗斯（高达52.8%）等天然气消费大国相比差距更大①。《天

① 资料来源：笔者根据英国石油公司（BP）官网数据整理所得。

然气发展“十三五”规划》强调，我国能源产业需要绿色可持续发展，提升天然气自给自足能力。总体来看，我国能源“十三五”规划大部分指标能如期完成或提前完成，但天然气产量和消费占比均不及预期。2020年天然气消费占比仅8.4%，远低于目标值。当前我国经济正在加快形成“双循环”新发展格局，从供需两侧推动社会经济实现高质量发展，同时，我国承诺在2030年前实现碳达峰目标，倒逼我国能源供需格局加快转变。未来我国能源结构将发生较大变化，天然气所占比例将大幅度上升，页岩气在能源结构调整过程中将扮演重要角色（孙慧，2018）。

2. 环保需求

不同于原油、煤炭等能源，页岩气本质为非常规天然气，热值高，并且燃烧过程中不会产生二氧化硫、粉尘等有害物质，是公认的清洁能源。大力发展页岩气产业对环境保护、可持续发展具有重要意义。与石油、煤炭等能源相比，提高页岩气、天然气在能源消费中的占比，能够极大程度地减少硫化物、粉尘、氮化物等污染物排放。据统计，等热值条件下，天然气燃烧产生的污染物远低于石油与煤炭（Amundsen等，2010）。

从燃烧效率来看，1立方米天然气标准情况下燃烧，热效率可达75%以上，比石油热效率高15%，比煤炭高15%~35%。从燃烧产生的污染物来看，天然气燃烧产生的二氧化碳是煤炭的59%，并且几乎无粉尘排放。我国能源消费结构中煤炭消耗量占全球的50.6%，能源消费仍以煤炭为主，这一消费结构模式给环境造成了巨大压力。由此，加大天然气、页岩气等清洁能源的开发力度，同时对风能、生物质能、太阳能等可再生能源的开发利用不松懈，形成良性的优势互补，对我国推进节能减排、治理大气污染、应对气候变化具有重要意义。

3. 解决能源供需矛盾

随着能源结构调整需求和环保力度加大，我国天然气消费快速攀升，对保障天然气供应安全提出更高要求。目前我国已经成为仅次于美国的全球第二大石油消费国。“十二五”期间，我国页岩气勘探开发取得了重大突破，成为北美洲之外第一个实现页岩气规模化商业开发的国家。“十三五”期间，我国页岩气规模快速增长，发现涪陵、威荣、长宁、威远、昭通和永川6个大中型页岩气田。数据显示（Zou等，2015；Qin等，2018），

2018 年，国内天然气产量约 1601. 60 亿立方米，年均增速 8. 19%；同年表观消费量达 2824 亿立方米，年均增速 17. 69%。对外依存度达 42. 5%，我国成为世界最大的天然气进口国。直到 2021 年底，天然气产量突破 2000 亿立方米，但是消费量增速也有 12. 5%之多，对外依存度依然维持新高 44. 9%。2016~2021 年中国天然气产量与消费量变化趋势见图 1-1。2020 年，我国天然气对外依存度依然高达 41. 8%，考虑到进口依赖控制在 50%

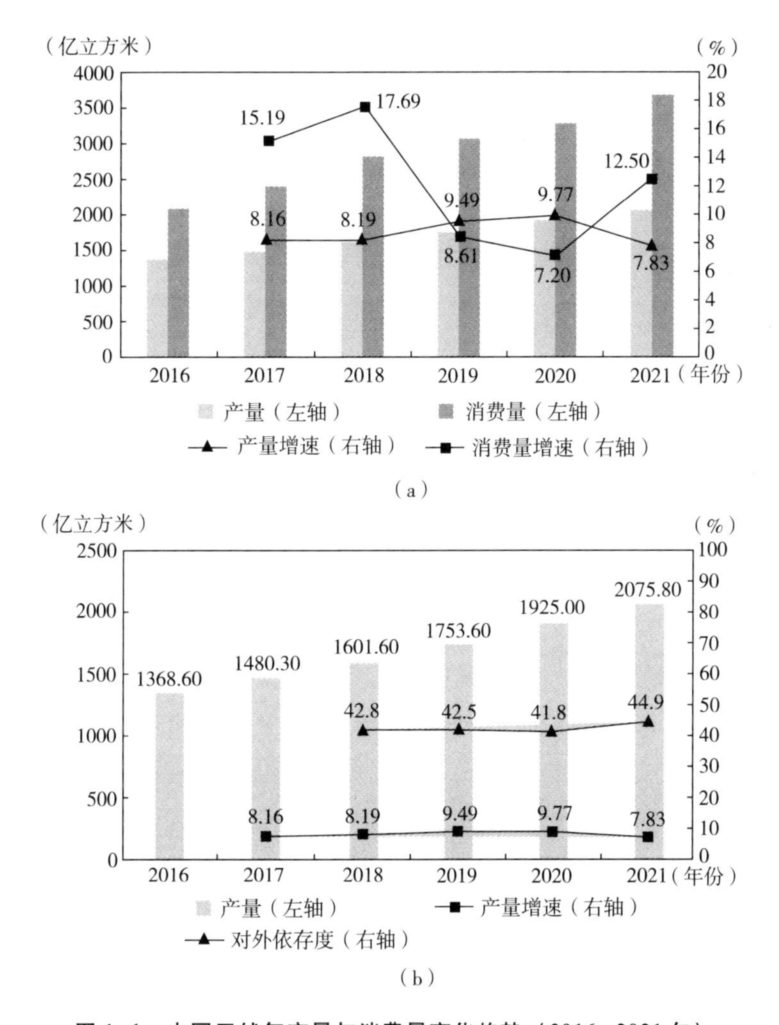

图 1-1 中国天然气产量与消费量变化趋势（2016~2021 年）

资料来源：笔者根据公开资料整理，包括国家能源局、国内天然气最新资讯与分析、观研天下等。

以内的目标，实现天然气渗透率增长的同时需要匹配的是我国天然气自产率的大幅提升。

“十四五”期间，天然气消费需求年均增长量200亿~250亿立方米，随着能源结构的逐步调整，天然气消费量将进一步提升，预计到2025年，我国天然气表观消费量约4500亿立方米，国产气量能达2500亿立方米，这中间至少还有2000亿立方米的缺口需要依赖进口。在我国天然气供需差距巨大及石油对外依存度高达70%的当下，加大国内天然气勘探开发力度，提升天然气的本土供应水平，是保障我国能源安全的重要途径（胡奥林等，2019）。

然而，天然气增储上产难度也在不断加大。随着油气勘探开发程度的提高和领域的扩展，地质条件日益复杂，资源品质持续下降，劣质化趋势加剧。全国剩余超过80%属于低渗气田、深层气田、深水气田及高含硫气田，且新增探明油气田储量规模也在不断下降，其中低品位比例更是呈上升趋势（潘继平等，2018；包书景，2018）。

综上，随着常规油气资源日益减少和开采难度逐步增大，为了实现革命性突破，页岩气已成为我国能源发展和科学研究的重要方向。

二、页岩气产业发展的可行性

为什么页岩气能堪此重任呢？原因很简单，因为我国页岩气储量惊人。页岩气通常是指富含有机质、成熟的暗色泥页岩或高碳泥页岩中由于有机质吸附作用或岩石中存在着裂缝和基质孔隙，使之储集和保存了一定具有商业价值的生物成因、热解成因及两者混合成因的天然气。页岩气的相关研究最早开始于美国，2009年美国由天然气净进口国转变为净出口国，美国页岩气革命的成功激发了世界各国对页岩气的探索热情。

2018年5月，联合国贸易和发展会议（UNCTAD）上指出，我国天然气储量约排在世界第13位，但页岩气储量排名却是全球第1（31.6万亿立方米），估计资源量为23.5万亿~100万亿立方米，其中有利区块页岩气可采储量达2.18万亿立方米；其次为阿根廷（22.7万亿立方米）、阿尔及利亚（20万亿立方米）、美国（17.7万亿立方米）和加拿大（16.2万亿立方米）（Jing等，2021）（见图1-2）。中国自然资源部于《中国矿产资源报告（2019）》中指出，埋深在4500米以内的页岩气地质资源量为

122 万亿立方米，可采资源量 22 万亿立方米，是世界上实现规模开发页岩气的主力区之一。2018 年页岩气探明储量即将突破万亿立方米，2019 年页岩气新增探明地质储量 7644. 24 万亿立方米，同比增长 513. 1%；截至 2020 年底，探明地质储量突破 2 万亿立方米，但探明率仅 5. 72%。根据中国工程院《我国石油工业上游 2020-2035 年科技发展战略研究》报告，预计 2030 年、2035 年我国页岩气产量将分别达 600 亿立方米、800 亿立方米（见图 1-3）。作为一种清洁能源，未来页岩气具有较大的发展空间和良好的发展前景，必将在建设美丽中国的进程中起到重要作用。

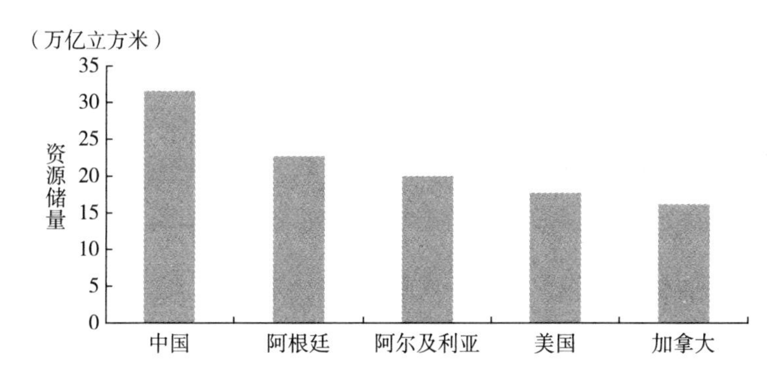

图 1-2　全球排名前五的国家页岩气资源储量直方图

资料来源：笔者根据文献 Jing 等（2021）整理。

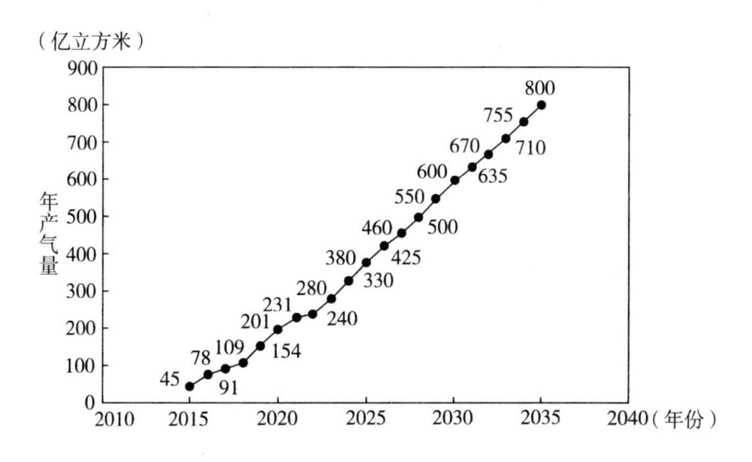

图 1-3　2010~2040 年我国页岩气产量及预测

资料来源：笔者根据文献王纪伟等（2023）整理。

中国是目前世界上成功实现陆相页岩油商业化开发的国家之一，在鄂尔多斯盆地、准噶尔盆地、松辽盆地、渤海湾盆地、柴达木盆地、塔里木盆地等都有陆相页岩油的重大发现。四川盆地及其周边地区实现了海相页岩气的工业突破和快速发展，到 2021 年底，中国南方累计探明页岩气田 8 个，探明地质储量 2.74×10^{12} 立方米（Wang 等，2022）。数据显示，2021 年我国页岩气查明资源储量为 3659.7 亿立方米，主要集中在中西部，以重庆市与四川省为主。人们普遍认为，中国的页岩油气资源潜力巨大，是传统天然气的现实战略替代区，但未来的勘探和高效开发仍面临诸多挑战，主要表现在以下几个方面：一是页岩气的资源潜力和经济评价结果差异较大，有利区域的优化选择仍存在较大的不确定性。将页岩气富集控制因素与多学科相结合的评价方法有望解决这一问题（Wang 等，2022）。二是与北美相比，我国优质页岩气藏厚度较小，构造改造程度较强，“甜点”连续性差，施工成本和难度大。长期的支持和对基础研究的重视将是中国页岩油气成功的重要因素。三是美国页岩油气开发经历了十多年的亏损后，于 2022 年因油价飙升实现了创纪录的现金流和利润，因此，国家应坚持对页岩气的补贴政策，出台页岩油气的财政优惠和税收支持政策，促进页岩油气产业的发展（Zou 等，2022）。

除了资源储量巨大以外，我国页岩气资源分布也非常广泛。有利勘探领域主要包括海相和陆相。有利层系分布在南方古生界海相页岩地层，华北地区下古生界海相页岩地层，塔里木盆地寒武—奥陶系海相页岩地层，松辽盆地白垩系湖相页岩地层，准噶尔盆地南缘上二叠统、中—下侏罗统湖相地层，陕甘宁盆地上三叠统湖相页岩油及吐哈盆地中—下侏罗统湖相碳质页岩，渤海湾盆地及江汉盆地的古近系和新近系、扬子准地台、华南褶皱带和南秦岭褶皱带等页岩（荆克尧等，2011；马永生等，2018）。尤其是南方地区有稳定厚层的富烃页岩地层分布。目前，中国页岩气主要产自华南地区四川盆地及周缘的五峰组—龙马溪组，经过近 10 年的勘探开发，逐步形成了威远、昭通、涪陵等国家级示范区（Chen 等，2004；国土资源部中国地质调查局，2015）。截至 2018 年 4 月，五峰组—龙马溪组页岩气累计探明地质储量超万亿立方米（郭旭升，2019）。

我国非常规天然气产量正在快速增长。“十三五”期间，我国不断加大非常规天然气开发力度，产量从 2015 年的 109 亿立方米增长至 2020 年的 318 亿立方米，增长 192%。从结构上来看，国家能源局官网数据显示，我国非常规天然气产量占比从 2015 年的 8.06%增长至 2020 年的 16.52%，其中页岩气表现亮眼，产量占比从 2015 年的 3.41%增长至 2020 年的 10.60%（见图 1-4）。

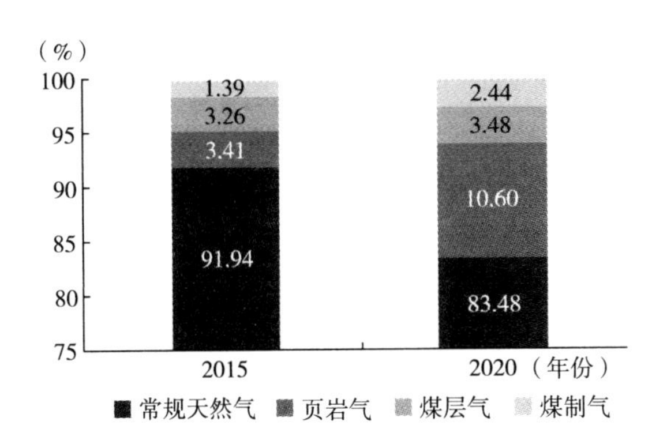

图 1-4　2015~2020 年我国天然气产量结构变化情况

资料来源：国家能源局官网。

页岩气作为四川独具优势的清洁能源，近几年发展迅猛，随着页岩气产量不断增长，其占天然气的比重不断提高。2016 年四川页岩气产量仅占天然气总产量的 11.7%，2017 年和 2018 年分别为 14%和 13%，2019 年大幅提升，达到 24%，2020 年达 24.8%，比 2016 年提高了 13.1 个百分点。页岩气生产在四川天然气生产中的重要性逐渐提高。

三、页岩气产业发展的制约因素

经过 10 余年的探索，我国页岩气勘探开发技术不断取得进步，部分技术已走到世界前列，但与美国相比，在页岩气开发方面仍相对落后（刘楠楠，2014）。受复杂山地开发环境的制约，我国页岩气开发“井工厂”实施难度大，在钻井和压裂工程流程、一体化、集约化等方面与国外尚存在差距（彭彩珍和任玉洁，2017）。综合分析，我国页岩气效益开发面临的问题主要有以下两点：

1. 油气行业低位油价运行

国际原油价格自2014年下半年起进入急速下行区间，加上新冠疫情暴发影响，世界多国采取了居家办公模式，全球道路、航空出行量大幅降低，液体燃料消费迅速下降，最低跌至2020年4月的15~20美元/桶。全球能源行业发展面临前所未有的困难局面，能源领域国际合作的短期问题显现，不确定性因素不断积聚。长期低油价的风险给油气行业发展带来了巨大挑战（李丰等，2021）。

我国页岩气地质条件复杂，钻完井周期长，复杂时效高，页岩气水平井钻完井持续提速提效难度大、压裂难度大、作业成本高。如川南页岩气初期递减率70%，且储量动用状况不清、剩余气分布规律不明确，使得采收率难以提高，气田稳产难度大，整体效益开发的技术还不成熟。四川盆地盆缘、盆外部分地区按目前投资水平计算，若内部收益率达到8%，单井投资需降低1380万~2170万元（见表1-1）。因此，在低油价的大环境中存在较高的投资效益风险。

表1-1　四川盆地部分地区页岩气效益开发测算

地区	单井产能（万立方米/天）	单井可采（储量/亿立方米）	水平段长（米）	投资目标（内部收益率8%）（万元）	目前投资（万元）	需降低投资（万元）
盆缘	5.0	0.50~0.73	1600	3640	5810	2170
盆外A区	3.3	0.40~0.65	1600	2710	4150	1440
盆外B区	3.5	0.40~0.65	1600	2700	4150	1380
盆外C区	2.0	0.35~0.40	1600	2335	4150	1815

资料来源：笔者根据文献王纪伟等（2023）整理。

2. 页岩气类型丰富领域广泛，但是资源品位不高

我国页岩气产业起步晚，2006年才开始页岩气资源的调查研究。2015年，我国页岩气产量45亿立方米，仅占全国天然气产量的3.6%。据2015年全国油气资源动态，页岩气主要分布在四川盆地、塔里木盆地等7个大型盆地中。海相页岩、海相过渡相页岩、陆相页岩均有发育，具有多层系分布、多成因类型、压裂改造复杂的特点。2018年，我国页岩气产量

108.81亿立方米，较2017年增长21%，占天然气产量也仅为7.69%。自2018年突破百亿产量后，连年增长，2019年产量153.84亿立方米，同比增长41.4%，占比达8.9%；2020年产量更是突破200亿立方米，同比增速超过30%，在天然气中占比首次超过10%（左磊，2021；高芸等，2021；Li等，2016）。未来页岩气将向深层、常压、新区新层系等领域拓展。

虽然我国页岩气资源储量丰富，但高储量不等于高产量。国内的页岩气开采，一直承受着高成本压力。不少学者比较了中美两国页岩气开发的差异，主要总结出以下两方面：

一方面，两国地质地形条件差距大。美国地势平坦，开采和运输都很方便。页岩以海相地层为主，地质构造相对稳定，分布较为集中，1000米左右深的井就能产气；而我国页岩气富集区多位于偏远山区，多为陆相或者海陆交互地层，地质结构复杂多变，资源分布较为分散，通常3000米甚至更深才能产气。深层页岩气相比浅层页岩气，由于储层埋深较大，温度、压力、地应力等发生了显著变化，地质条件复杂、地应力高、岩石塑性强，给钻井、压裂等带来了一系列的难点问题。这些问题具体表现为岩石可钻性差、机械钻速低、完井周期长。压裂施工泵压高（90~110MPa）、破裂压力高（110~120MPa）、水平应力差大（20MPa），部分井段有天然裂缝发育、闭合压力高（85~95MPa）。生产规律不明确，单井递减快、产能低。常压页岩气因多期构造运动改造强烈，具有抬升早、幅度大、多挤压变形、局部露出地表遭剥蚀的特点，导致页岩气保存条件较差，优质页岩储层孔隙度降低，游离气偏低，目前开发成本较高。新层系页岩气资源阵地规模小，地质工程条件复杂，目前仍处于评价阶段。

另一方面，两国管网基础差距大。美国天然气有完善的管线设施及市场，由产品变商品非常便捷；而我国页岩气富集区管网设施大多空白，运输成本高。此外，还有非常重要的技术问题。一直以来，我国页岩气开采压裂等关键技术均从国外引进，更因对技术掌握不成熟导致未知因素出现，耗费了巨大成本。因此，在页岩气开发上，实力雄厚的“两桶油”自然成为主力军，其他企业往往因高难度、高投入、高成本而被挡在门外（魏静，2019）。水资源不足也是页岩气开发的重要障碍。页岩气开发需要大量用水，但我国页岩气资源中有3/5以上位于水资源匮乏的地区，面临较高的水资源需求，尤其是西北等页岩气富集区常年干旱，水资源缺乏，无法提供开采所需的水资源，这在很大程度上限制了我国页岩气资源的开发（刘睿等，2021）。

综上，正因为我国页岩气目前处于前期的探索阶段，开发时间较短，地质、地表条件复杂，相关技术不成熟，关键设备依赖进口，页岩气开发成本远高于常规气的生产成本。为充分吸引社会资本，加大页岩气投资开发力度，政府补贴就显得尤为重要。

那么，我国目前已实施的页岩气补贴政策效果究竟如何呢？Liu 等（2020）以昭通示范区为研究对象，对影响页岩气开发项目盈利能力的主要因素进行敏感性分析，结果见图 1-5。要保证企业的基本收益，产量下降因子、运营成本、投资费用需下降 20%。昭通区块地质单元已具备相对较优的页岩气开发地质条件，若要抑制产量的下降速度，需依靠合适有效的技术进步，但技术的提升势必会引起投资费用进一步增加，这与敏感性分析的结果背道而驰。并且，开采企业仅仅依靠持续推进技术进步和管理创新，不足以从根本上改善更低品位资源的开发效益。因此，在当下开发技术水平下，可通过提升气价、加大补贴力度来提高页岩气开发效率。由

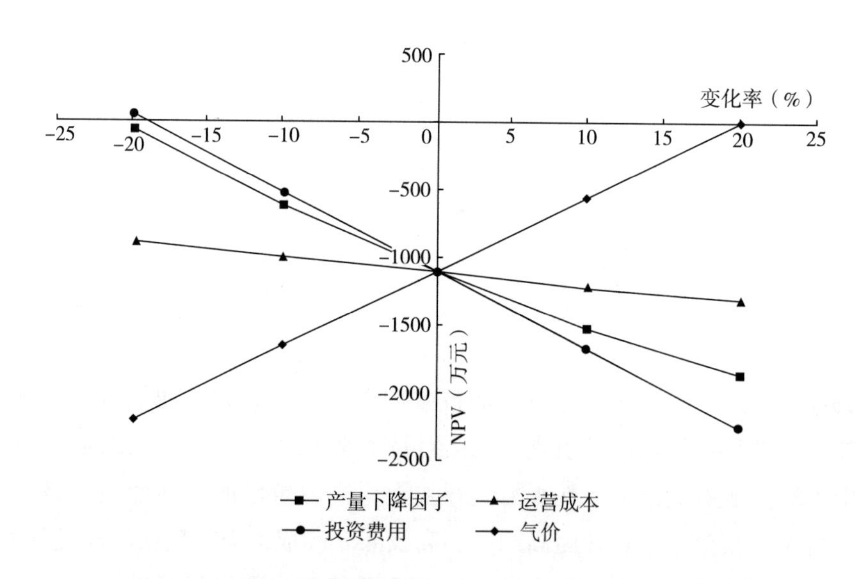

图 1-5　页岩气开发项目盈利能力关键因素的敏感性分析

资料来源：笔者根据文献 Liu 等（2020）整理。

于气价受国际市场和政治经济环境等外部环境影响较大，调控难度高，提升补贴标准是相对现实和有效的选择。也就是说，现行的补贴力度尚未发挥切实有效的保障作用。此外，考虑到页岩气开发能带来巨大的环境效益和安全效益，在现有财政补贴基础上，若能适当调整财政补贴力度，通过精准扶持，必然能在有效提升页岩气开发的经济效益的同时带来不容忽视的社会效益。

四、研究意义

本书以我国页岩气开发补贴政策为研究主题，试图解决以下几个问题：一是我国已实施的页岩气开发补贴政策效果如何，二是何种补贴方式能够优化补贴效率，三是补贴额度测算方法是什么。综上，在我国不同地区页岩气资源及开采条件差异显著的前提下，如何针对性调整补贴额度，以达到补贴效果更优，促进不同区块页岩气均衡开发，从而提高国内产气量，这一问题具有以下理论意义和实践意义：

1. 理论意义

（1）有助于丰富我国页岩气开发补贴政策理论研究。我国页岩气开发扶持政策研究主要从宏观层面定性描述了当前补贴政策存在的问题，针对页岩气开发补贴政策实施效果缺乏定量的细化研究。因此，本书对完善我国页岩气开发补贴政策体系十分必要，同时丰富了页岩气开发补贴政策的理论基础。

（2）有助于为页岩气企业提供决策支持。根据政府补贴政策对我国页岩气企业绩效的影响，企业决策者可以对未来的投资计划做出相应的变更，保证并提高自身的经济效益。

（3）有助于政府及时调整页岩气补贴方式。由于页岩气属于资金密集型产业，行业进入壁垒高，通过调整补贴方式，可以清晰地判断不同补贴方式对页岩气企业经济效益和政府期望社会效益的影响，有助于政府对下一阶段补贴进行调整，更好地激活我国的页岩气市场环境。

2. 实践意义

（1）建立页岩气开发补贴绩效评价指标体系和方法模型，可以为决策者提供具有普适性的经济评价工具。本书拟从宏观层面，系统地对不同区块页岩气项目的补贴绩效进行评估，并在此基础上从页岩气企业和政府两个视角出发，借助回归分析、数据包络法等进行补贴绩效影响的机理分析及定量评价，为企业决策者提供科学可靠的投资决策方案参考。

（2）构建优化补贴额度测算模型，为政策制定和调整提供理论支持。根据页岩气区块特征设计出具有针对性的差异化补贴额度，不仅有利于刺激各类型区块页岩气均衡开发，提升页岩气产量，从而最大化政府期望的社会效益，还能为政府财政支出预算提供数据参考，避免低效、无效的财政补贴，使补贴资金发挥更大的社会效益。

第二节　国内外研究现状

一、页岩气补贴政策现状

1. 国外页岩气补贴政策现状

美国、加拿大、中国和阿根廷是目前仅有的四个拥有商业页岩气产量的国家。澳大利亚、罗马尼亚和墨西哥也积极参与页岩气开发（Bustin 等，2008；孟浩，2014；Chi 等，2009；Administration，2011）。除四个国家已获得页岩气商业生产外，其他国家尚未制定完整的页岩气财税政策（Administration，2011；Lamei 等，2013）。

美国是世界第一大经济体，也是能源消耗大国，其早在 19 世纪 30 年代初就开始了页岩气的勘探，但由于早期美国政府没有出台相应的优惠政策，页岩气并没有真正实现商业化生产。从 20 世纪 70 年代开始美国出现能源危机，尤其是 1973 年第四次中东战争期间的石油禁运（第一次石油危机）及 1978~1980 年两伊战争期间的第二次石油危机，能源短缺威胁到了美国国家安全，促使了美国能源部加快天然气研究和勘探的步伐。但是页岩气勘探初期由于开采成本过高，提炼技术不够成熟，消耗费用巨大导致大部分页岩气项目都无疾而终。鉴于非常规油气效益开发难度大的问题，1978 年，美国政府针对页岩气不同于常规油气的特殊性，率先提出补贴政策，自此拉开了页岩气财政补贴的序幕（US Joint Committee on Taxation，1981；US EIA 和 US DOE，2004）。1980 年，美国设立了《原油暴利税法》，其中第29条明确提出，1980~1992年钻探并于2003年之前生产和销售的非常规天然气可享受每桶油当量3美元的补贴。这个补贴政策大大地激励了非常规天然气的开采，使得美国在1980~1992年非常规天然气井数量呈现指数型增长。到20世纪90年代，随着一系列的市场政策、财政补贴、税收减免等扶持政策陆续出台，进一步提高了美国页岩气开发各利益相关者的积极性，页岩气产业得到了迅速发展（姜城羽，2018）。自2005年起，美国政府对开采难度较大的非常规天然气的扶持力度加大，并减免企业的开采税和所得税，页岩气赢得了市场青睐；得益于“页岩气革命”，2006~2010年，美国页岩气产量暴涨20倍，并在2009年以6240亿立方米的产量首次超过俄罗斯，成为世界第一大天然气生产国，实现了跨越式发展（刘毳，2015）。根据美国能源信息署数据，2022年，美国页岩气产量达到8070亿立方米，占天然气产量的73%，并一度成为全球最大的天然气净出口国，彻底实现天然气自由。

除此之外，美国很多州政府也针对其所辖范围内的页岩气开采给予了一定的扶持政策，如得克萨斯州、宾夕法尼亚州和俄亥俄州等。在联邦政府大力补贴的情况下，地方州政府也进行积极补贴，两种政府力量的相加大大激励了能源公司对非常规天然气的开采（见表1-2）。

表1-2　美国地方性页岩气税收优惠政策

税种	政策内容
开采税	●得克萨斯州：对当地非常规天然气生产企业不同程度地取消生产税。该州规定当油气价格低于一定水平时，对所有天然气油气井生产提供开采税的减免。该项规定从2005年9月1日开始执行，一直持续到现在 得克萨斯州的税收抵减分为三个层级： 第一层，如果平均应税气价超过3美元/立方英尺（0.69元/立方米）但不超过3.5美元/立方英尺（0.8元/立方米），税收抵免25%。第二层，如果价格超过2.5美元/立方英尺（0.57元/立方米）但不超过3美元（0.69元/立方米），税收抵免50%。第三层，如果价格为2.5美元/立方英尺（0.57元/立方米）或以下，可给予相关企业税收抵免100% ●阿拉巴马州：将日产量低于200立方英尺的天然气生产企业的开采税减少了一半（从8%降到了4%）

续表

税种	政策内容
矿权费减免	• 新墨西哥州：对深度低于 5000 英尺且最近一年内平均日产量低于 3 桶油当量的油气井实行 5%的矿权费 • 南达科他州：对该州管辖内近五年未进行油气勘探和生产的地区实行阶梯式矿权费减免（在首次勘探的第一个三年期内征收一般矿权费的 1/16，第二个三年期内征收一般矿权费的 1/12，之后升至 1/8） • 亚利桑那州：对该州管辖内的所有用于生产油气的地产和个人自产进行资产税减免，第一个资产税是其他行业资产税的 0.28 倍，以后每年一次递减 1 个百分点，直到第四年减少为其他行业资产税的 1/4，之后一直按照这个标准征收资产税

资料来源：笔者根据相关文献汇总整理。

近些年，随着技术进步，页岩气资源开发陡然大幅增加，引发了改变世界能源秩序的页岩气革命。美国页岩气革命对国际天然气市场及世界能源格局产生重大影响，世界主要资源国均加大页岩气勘探开发力度。美国页岩气革命的成功在很大程度上归功于与页岩气产业阶段性发展相适应的政策出台和调整。表 1-3 对涉及美国页岩气主要政策的时间节点与内容进行了梳理（Bowker，2007；朱凯，2011；吴杰和董超，2001）。美国 1984~1991 年非常规天然气税收补贴与新钻井情况如图 1-6 所示。

表 1-3 美国页岩气开发财政补贴政策和税收优惠政策梳理

年份	政策	关键内容
1976	“东西部页岩气”项目	美国能源部资助，15 个州 40 个工业组织和企业共同参与的“东西部页岩气”项目正式启动。此项目于 1992 年结束，共耗费 9200 万美元，旨在确定东西部页岩气规模和描述页岩气物理、化学特征的基础上重点突破大型水力压裂技术，以助于非常规天然气的开采与增产
1978	能源税收法案	将页岩气归为非常规天然气，出台非常规天然气开发补贴政策
	能源意外获利法	规定页岩气井的补贴额度为每桶油当量 3 美元（直至 1992 年）
1980	原油暴利税法	对 1980~1992 年钻探的以及 2003 年之前生产和销售的非常规气和低渗透气（含页岩气）实施税收减免政策，可享受每桶油当量 3 美元的补贴，另外页岩气减税 0.52 美元/立方英尺（约为 3.5 美分/立方米，按照 1995 年汇率计算为 0.28 元/立方米，而当年天然气井口价格为 1.59 美元/立方英尺）。在此期间，美国当时全国平均井口天然气价格在 1.5~2.5 美元/立方英尺，而此时的抵税约 0.5 美元/立方英尺，可见此间对于页岩气的税收优惠程度大约为当时天然气价格的 1/4。当然，该政策有效激励了非常规天然气井的钻探，这段时间 78%的新增矿井都是用来开发非常规天然气的

续表

年份	政策	关键内容
1985	联邦能源管理委员会436号法令	明确所有管道公司为页岩气生产入网提供平等公开的准入服务，与管道公司签订独立的运输合同，用户可直接与天然气生产商协商价格
1987	“天然气二次开采”项目	美国能源部资助850万美元、得克萨斯州政府资助100万美元、社会力量资助630万美元的“天然气二次开采”项目正式启动。该项目于1995年结束，旨在对现有所有油气田的储层非均质性进行研究，侧重关注页岩气的储量增长潜力，以及对岩石进行一定的物理研究，以建成老气田二次开发的示范区
1989	天然气井口价格解除管制法	取消所有对天然气井口价格的控制，引入自由竞争，充分发挥市场调节的作用
1992	美国能源政策法案	对独立石油天然气生产商实行百分百折耗和提高无形钻井成本费用化比例。折耗率最低为15%，最大不能超过当年应纳税收入的65%。同时规定对国内独立生产商（只占据油气产业链某一端的公司）的无形钻井成本全部费用化，其他类公司（如油气产业上下游一体化的公司）无形钻井成本费用化比例为70% 另外，强制要求交通部门采用其他燃料作为石油的替代燃料，减少石油依赖。到2000年，10%及以上的政府、私人汽车使用天然气、甲醇、乙醇和液化煤产物等石油替代燃料
2004	能源政策法	未来十年内联邦政府每年投资不低于4500万美元用于页岩气等非常规天然气勘探开发技术的研发
2004	美国就业机会创造法案	规定对日产量低于25桶油当量或者含水率在95%以上的低产井生产的天然气减税0.5美元/立方英尺，对阿拉斯加天然气处理厂建设减税15%
2005	美国能源政策法案（2005）	设立了“超深水、非常规天然气和其他石油资源”项目，美国能源部为此项目成立了专门的研究基金，基金的资金主要来自2007~2017年各石油公司上缴给政府的矿权费和土地租赁费，政府部门每年从缴来的费用中抽取5000万美元投入该项目，旨在提升超深水和非常规天然气资源的勘探开采技术
2006	能源政策法案（2006-2011）	对石油天然气生产和增采实行税收刺激，2006年投入运营的非常规天然气井可获得每吨油当量22.05美元的补贴
2009	美国清洁能源安全法	推进国家间在清洁能源领域的合作，政府间建立长期的能源技术合作关系，帮助一些页岩气资源富集的国家开发页岩气
2011	能源安全未来蓝图	提出确保美国未来能源供应安全的三大战略：油气开发回归美国本土，确保美国能源供应安全；推广节能减排，引导消费者主动使用节能能源，削减美国能源消费；激发创新精神，加快发展清洁能源，政府要发挥示范效应，率先使用清洁能源

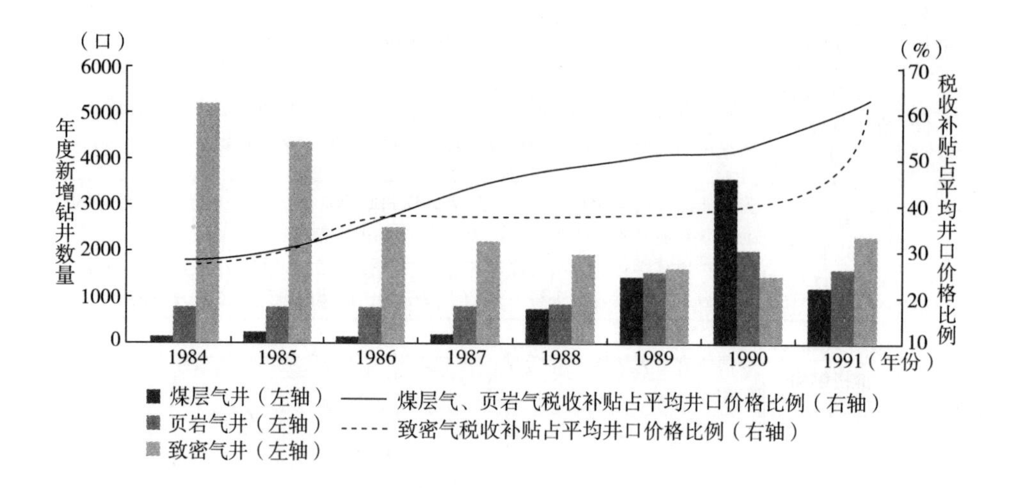

图 1-6 美国 1984~1991 年非常规天然气税收补贴与新钻井情况

资料来源：笔者根据文献杨震等（2016）整理。

在财税政策方面，美国对于页岩气开发的政府补贴力度大，税收减免的持续时间长，对于非常规天然气的技术攻坚、国家领域间的合作十分重视。1976 年，在美国能源部主导下设立天然气研究院和非常规天然气研究项目，启动“东西部页岩气”项目，持续投入科技项目超过 50 亿美元，奠定了美国页岩气革命的基础①。1980~1992 年，美国境内页岩气开采按 3 美元/每桶油（2.82 美分/立方米）当量补贴，当时煤层气售价为 6 美分，补贴为售价的 47%。1992 年，补贴标准提高到 3.3 美分/立方米。2006~2010 年降为 1.385 美分/立方米，天然气售价 5 美分，补贴仍能保持在售价的 30%②。

除了以财政直接转移支付的方式为页岩气“开源”外，美国政府还通过税收优惠帮助页岩气企业“节流”。美国最早的涉及能源税法的法案是 1978 年颁布的《能源税收法案》③。1979~1991 年，非常规天然气税费减

① 乐欢．美国能源政策研究［D］．武汉大学博士学位论文，2017.

② 王南，刘兴元，杜东，等．美国和加拿大页岩气产业政策借鉴［J］．国际石油经济，2012，20（9）：69-73+106.

③ 1978 年《能源税收法案》将页岩气归为非常规天然气，出台非常规天然气开发补贴政策。

免额相当于井口价的27%~62%，平均约40%。该税收补贴政策出台后经多次延期，直到2002年底才结束，共施行了20多年，极大地提高了企业的积极性①。

在技术研发鼓励政策方面，美国2004年提出的《能源政策法》规定，十年内每年投入不低于4500万美元用于非常规天然气勘探开发技术研发。正是由于美国政府对技术研发的重视，才有现如今页岩气开采全球领先技术。20世纪70年代，美国能源部在页岩气开发技术领域投资超过1亿美元②。自20世纪80年代至今，美国在页岩气等非常规天然气的勘探及技术研发方面投入已超过百亿美元，形成了适应美国页岩气地质禀赋的技术体系（Kennedy，2007）。

除了美国，其余页岩气主要开发国家加拿大、阿根廷和英国也制定了相应的财税政策，值得我国借鉴（赵国泉，2013；耿卫红，2016）。加拿大政府为页岩气开采企业提供了税收优惠待遇，以保证投资者的现金流充裕。阿根廷修订了《碳氢化合物法》，为非常规能源提供独立特许证，超过三年的非常规能源开采权免除25%的权利金。英国为降低能源对外依存度，发出大量页岩气勘探许可证，并对页岩气开发实施现场补贴（赵文光等，2013；孟浩，2014；吴西顺等，2015；郭关玉和戴修殿，2017）。

2. 我国页岩气财政补贴政策现状

就中国而言，页岩气开发作为新兴产业，具有初期投入高、产出周期长、投资回收慢的特点，投资成本和收益水平充满不确定性，需要国家出台相应的财政补贴政策对企业进行扶持（杨冰和马光文，2013；刘毳，2015）。为加快发展天然气产业，我国也陆续出台了一系列页岩气扶持政策。国家能源局在2021年页岩油勘探开发推进会上指出，页岩气作为“十四五”天然气领域增储上产的主力军，将在政策和市场的引导及驱动下，实现勘探开发的技术突破。

① 吴建军，常娟．美国页岩气产业发展的成功经验分析［J］．能源技术经济，2011，23（7）：19-22．

② Charkravarthy C，Goydan R，Demirors M，等．私募股权投资在美国页岩气基础设施建设中的新角色［J］．国际石油经济，2010（8）：67-69．

2010年，中国成功压裂了第一口页岩气井，获得了工业气体流量①。2012年11月5日，财政部和国家能源局下发了《关于出台页岩气开发利用补贴政策的通知》，为大力推动我国页岩气产业发展，增加天然气供应，提升我国能源安全保障能力，调整能源结构，促进节能减排，中央财政安排了专项资金，支持页岩气开发利用。

2012~2015年，页岩气补贴标准为0.4元/立方米②。2012年，中国页岩气年产量仅2500万立方米，2014年页岩气产量达14亿立方米③。产量的大幅增长与政府的财政补贴政策支持密不可分。但由于受天然气市场机制、我国页岩气资源地质条件复杂、从勘探到产气所需时间长等因素影响，政策落实情况并不十分理想，部分企业未能享受这一补贴。

2015年4月，财政部对页岩气补贴额度进行了调整，联合国家能源局发布了《关于页岩气开发利用财政补贴政策的通知》（财建〔2015〕112号）。通知规定，2016~2018年页岩气开发利用补贴标准为0.3元/立方米，2019~2020年为0.2元/立方米。自2012年直补政策出台，十年的补贴额度降低在一定程度上可能会降低页岩气企业投资开发积极性。2019年6月11日，财政部网站公布了《关于〈可再生能源发展专项资金管理暂行办法〉的补充通知》，自2019年起，非常规天然气开采利用不再按定额补贴标准进行补贴，而是按照“多增多补”的增量补贴原则。

作为财税政策的另一个重要分支，税收优惠对一个产业的发展也起着极为重要的作用。税收优惠主要是通过减轻或者延迟企业的纳税负担或时间进而支持企业发展的激励性政策，具体包括税收减免、税率优惠、即征即退、先征后退、固定资产加速折旧和费用加计扣除等优惠性税收政策。2013年10月30日发布的中国首个页岩气产业政策指出，对页岩气开采企业应就减免矿产资源补偿费和使用费，加大研究力度。2018年3月29日，《财政部　税务总局关于对页岩气减征资源税的通知》提出，自2018年4

① 黄昌武．中国首个页岩气合作开发项目开钻［J］．石油勘探与开发，2011，38（1）：96.

② 2012年11月1日财政部和国家能源局发布的《关于出台页岩气开发利用补贴政策的通知》（财建〔2012〕847号）。

③ 秦佳，张威，刘晶，等．美国页岩气开发状况分析［J］．大庆石油地质与开发，2014，33（4）：171-174.

月1日至2021年3月31日，对页岩气资源税（按6%的规定税率）减征30%。2018年页岩气年产量增至108亿立方米，几乎达到美国2000年的页岩气产量①。2023年9月20日，《财政部　税务总局关于继续实施页岩气减征资源税优惠政策的公告》指出，为促进页岩气开发利用，有效增加天然气供给，在2027年12月31日之前，继续对页岩气资源税（按6%的规定税率）减征30%。

总体来说，中国对于页岩气产业的税收优惠政策不论是优惠力度还是优惠品种都比较少，且针对性较强的资源税也是到2018年才提出，实行时间较短。综上，2012~2023年我国主要页岩气政策内容及时间梳理见表1-4。非常规天然气奖补资金分配系数如表1-5所示。

表1-4　2012~2023我国页岩气相关扶持政策

年份	部门	政策名称	政策内容
2012	财政部、国家能源局	《关于出台页岩气开发利用补贴政策的通知》	2012~2015年，中央财政对页岩气开采企业给予0.4元/立方米的补贴
2013	国家能源局	能源发展“十二五”规划	推进电力、煤炭、石油天然气等重点领域改革，鼓励民间资本进入能源领域
2013	国家能源局	《页岩气产业政策》	页岩气开发纳入国家战略性新兴产业，加大对页岩气勘探开发等的财政扶持力度
2015	财政部、国家能源局	《关于页岩气开发利用财政补贴政策的通知》	2016~2018年，补贴标准0.3元/立方米；2019~2020年，补贴标准0.2元/立方米
2016	国家能源局	《国家能源局关于印发页岩气发展规划（2016-2020年）的通知》	发展目标为2020年力争实现页岩气产量300亿立方米，2030年争取实现页岩气产量800亿~1000亿立方米
2017	国务院	《国务院关于扩大对外开放积极利用外资若干措施的通知》	采矿业放宽油页岩、油砂、页岩气等非常规油气及矿产资源领域外资准入限制
2017	国务院	《全国国土规划纲要（2016-2030年）》	加强深海油气资源开发，加快常规天然气增储上产，推进油页岩、页岩气、天然气水合物、油砂综合利用技术研发与推广
2018	财政部、税务总局	《关于对页岩气减征资源税的通知》	自2018年4月1日至2021年3月31日，对页岩气资源税减征30%

① 张君峰，周志，宋腾，等．中美页岩气勘探开发历程、地质特征和开发利用条件对比及启示［J］．石油学报，2022，43（12）：1687-1701.

续表

年份	部门	政策名称	政策内容
2019	财政部	《关于〈可再生能源发展专项资金管理暂行办法〉的补充通知》	自2019年起，非常规天然气开采利用按照“多增多补”原则，对超过上年开采利用量的，按照超额程度给予梯级奖补，对未达上年开采利用量的，则相应扣减奖补资金
2020	财政部	《关于印发〈清洁能源发展专项资金管理暂行办法〉的通知》	明确具体申报、审批程序和要求
2020	财政部	《关于下达清洁能源发展专项资金的通知》	下达2020年清洁能源发展专项资金（原可再生能源发展专项资金）预算
2020	财政部	《财政部关于提前下达2021年清洁能源发展专项资金预算的通知》	提前下达2021年清洁能源发展专项资金预算
2021	财政部	《财政部关于下达2021年清洁能源发展专项资金预算的通知》	下达2021年清洁能源发展专项资金（原可再生能源发展专项资金）预算
2021	中共中央、国务院	《中共中央　国务院关于新时代推动中部地区高质量发展的意见》	因地制宜发展绿色小水电、分布式光伏发电，支持山西煤层气、鄂西页岩气开发转化，加快农村能源服务体系建设
2021	中共中央、国务院	《成渝地区双城经济圈建设规划纲要》	完善页岩气开发利益共享机制，有序放开油气勘探开发市场，加大安岳等地天然气勘探开发力度
2021	中共中央、国务院	《黄河流域生态保护和高质量发展规划纲要》	加强能源资源一体化开发利用，推动能源化工产业向精深加工、高端化发展。加大石油、天然气勘探力度，稳步推动煤层气、页岩气等非常规油气资源开采利用
2021	中共中央、国务院	《中共中央　国务院关于完整准确全面贯彻新发展理念做好碳达峰碳中和工作的意见》	加快推进页岩气、煤层气、致密油（气）等非常规油气资源规模化开发。强化风险管控，确保能源安全稳定供应和平衡过渡
2021	国务院	《2030年前碳达峰行动方案》	加快推进页岩气、煤层气、致密油（气）等非常规油气资源规模化开发
2022	国务院	《国务院关于支持贵州在新时代西部大开发上闯新路的意见》	加快煤层气、页岩气等勘探开发利用，推进黔西南、遵义等煤矿瓦斯规模化抽采利用
2023	财政部、税务总局	《财政部　税务总局关于继续实施页岩气减征资源税优惠政策的公告》	2027年12月31日前，继续对页岩气资源税减征30%

资料来源：笔者根据公开资料整理。

表 1-5 非常规天然气奖补资金分配系数

超过上年产量的	奖补分配系数	未达到上年产量的	扣减分配系数	取暖季生产的增量部分的奖补分配系数
0%~5%（含）	1.25	0%~5%（含）	1.25	1.5
5%~10%（含）	1.5	5%~10%（含）	1.5	
10%~20%（含）	1.75	10%~20%（含）	1.75	
20%以上	2	20%以上	2	

资料来源：笔者根据文献曹艳（2022）整理。

在技术研发方面，为促进页岩气技术发展，政府部门设立了一些专项研究基金。2011 年，“页岩气勘探开发关键技术”科研项目正式立项，该项目由中国石油天然气股份有限公司和中国地质大学联合开展，旨在解决中国页岩气勘探的关键技术问题。同年，中国科学院广州地球化学研究所首个页岩气研究——国家重点基础研究发展计划（973 计划）项目获批，重点开展中国南方页岩气富集机理及资源潜力评价研究。此外，据国家自然科学基金统计，2010~2013 年，共启动页岩气相关项目 76 项，投入科研经费超过 4000 万元。

国内大量研究指出，页岩气开发补贴对于我国页岩气产业发展至关重要。公磊和胡健（2017）运用 SWOT 方法分析了中国页岩气开发的优势、劣势、机会和威胁，强调政策支持是优势。张廷山等（2016）分析了影响中国页岩气可持续发展的障碍，结果表明，缺乏政府支持和指导方针是最相关的障碍。周娜等（2019）通过构建页岩气生产—运输—消费系统动力学模型，对财税政策情景进行模拟，指出当前页岩气产业政策存在滞后性。只有实施产量直补、技术补贴及税收减免多政策嵌套，才有望实现 2020 年和 2030 年产量规划目标。

除了中央政府出台的国家政策，地方政府出台的财税政策也不容忽视（李丕龙和宗国洪，2012；周冯琦等，2016；胡德高，2017）。中央政府允许地方政府根据当地实际情况，对页岩气开发利用给予适当补贴。然而，在页岩气主产区的四川省与重庆市地方政府并未有任何明确的页岩气补贴政策。2018 年，四川省页岩气产量 42.7 亿立方米，占全国页岩气产量的 37.8%[①]；重庆市页岩气产量 60.2 亿立方米，占全国页岩气产量的 53.1%[②]。但由于四川省天然气消费量仅占其产量的63%，省政府没有迫切的需求与足够的动力去刺激页岩气开发，因此四川省政府没有出台针对页岩气勘探开发的优惠财税政策。同样地，重庆地方政府也没有为页岩气开发提供任何直接的财政补贴措施[③]。

通过梳理中国页岩气产业政策，可以看出中国政府对开发利用页岩气持积极态度。通过政府和社会的努力，中国页岩气产业方面的激励性税收政策体系已经初步形成，中国已成为继美国和加拿大之后第三个实现页岩气商业化发展的国家。

3. 美国与中国页岩气补贴政策差异比较

通过对上述中美页岩气补贴政策现状梳理，发现美国页岩气相关补贴政策的出台比我国早了 30 多年。与美国相比，我国的页岩气之路在 21 世纪刚刚起步，还停留在学习、借鉴和逐步探索、完善的过程中（孙金凤和单凯，2021）。我国从 2012 年才开始对非常规油气尤其是页岩气实施直补政策，2012 年可以称为我国的“非常规之年”（Yu 和 Yuan，2013）。经过十余年探索，我国页岩气勘探开发技术不断进步，部分技术已经走到世界前列。美国于 1978 年针对非常规油气特点出台针对性激励政策，后续进行了广泛的开采尝试。美国“页岩气革命”的成功，离不开与页岩气产业发展阶段相匹配的财政政策支持。完善的天然气市场机制，技术研发为重心的政策及资金扶持，页岩气产业发展初期大力度的财政直补，以及在页岩气产业形成规模、产量增长较稳定后长期的财政补贴，是促进页岩气产业商业化的重要基础（Tzelepis 和 Skuras，2004）。但是，受复杂山地开发环境的制约，我国页岩气开发“井工厂”实施难度大，在钻井和压裂工程流程化、一体化、集约化等方面与国外尚存在差距。与美国的补贴政策相比，我国的补贴政策存在的差异主要在以下四个方面：

① 郭亦成．四川省页岩气开发研究［D］．四川省社会科学院硕士学位论文，2016.

② 天工．我国首个大型页岩气田累计产量突破 400 亿立方米［J］．天然气工业，2021，41（10）：28.

③ 李斯乐．页岩气开发对区域经济增长及就业的影响研究——基于资源诅咒视角［D］．武汉大学硕士学位论文，2021.

（1）支持力度小。在财税支持方面，美国页岩气补贴在价格中的占比长期在30%左右；而我国即使在补贴力度最高的年份，补贴在价格中的占比也仅为20%左右。页岩气作为一种高成本天然气，先行的补贴力度对调动企业积极性作用不大。在技术研发方面，美国于2004年颁布的《能源政策法》规定，十年内联邦政府每年投资不低于4500万美元用于页岩气等非常规天然气勘探开发技术的研发；而我国针对页岩气开发技术的研发支持尚未有明确政策规定。此外，尽管规定“地方财政可以根据当地页岩气的开发利用情况为页岩气的开发利用提供适当的补贴”，但是由于对地方政府无明确的激励和约束机制，地方政府缺乏动力为页岩气的开发和利用提供一定的补贴。

（2）优惠时效短。美国页岩气优惠补贴政策自1980年实施，持续了20多年。而我国在2012年才出台直补政策，2016年就开始出现退坡，2020年甚至取消直补，调整为梯级奖补。按照页岩气资源开发特点，从勘探、试产到规模化利用需要6~8年的时间，投资回收期较长，若后期取消直补政策，那些已经投产甚至处于勘探阶段的开采企业将在后期供气阶段无法享受政府补贴。相关企业享受补贴时间短，具有暂时性，难以让页岩气生产商形成稳定的预期，也难以有效降低页岩气开采企业的成本，这并不利于页岩气产业的长期健康发展。

（3）扶持范围窄。美国各类优惠和支持政策是众多中小投资机构。在市场主体方面，小企业在页岩气产业的活跃程度相比国内更高；而我国受油气资源勘查开采管理制度的限制，虽有政策支持，但落实起来困难很大，补贴政策的顺利实施仅限于中石油、中石化等大型国有企业，无法真正落实到各个小企业身上。无论是“十二五”期间还是“十三五”期间，政府部门颁布的页岩气补贴政策中，国家给予的财政补贴仅针对页岩气的开采环节，其他环节仍维持现状。“十四五”时期对煤炭、原油、天然气的产量提出了新要求，到2025年，国内天然气年产量达到2300亿立方米以上。有关页岩气补贴政策在2019年提出“多增多补”后，截至2023年底再无新政补充。

（4）涉及内容少。美国涉及支持页岩气开发利用的政策包括财政补贴、税收优惠、基础研发支持、金融支持和价格优惠。投融资方面，私募股权基金的介入程度相对国内更高。技术研发方面，研发经费支持力度相对国内更高。而我国目前在页岩气开发利用上的支持主要是财政补贴，涉及的税收优惠包括探矿权、采矿权使用费和矿产资源使用费减免。另外，虽然中国政府部门规定，在中国无法生产的进口页岩气勘探和开发设备（包括随设备一起进口的技术）免征关税。但是，在国外相关行业的垄断和价格歧视的情况下，页岩气勘探所需设备的价格通常相对较高，对致力于页岩气开采的民营企业来说，将是个较大的经济压力；而且，即使这些设备免征了关税，仍需缴纳17%的增值税，实际上并没有减轻开采企业进口设备的成本（薄盛远，2014）。在环境保护方面，我国出台的相关政策也非常少，关于能源方面的环保政策更是鲜有所见。尽管《页岩气产业政策》中有涉及节能、节水、地下水和土壤保护等与环境保护相关的内容，但只停留在文字规定层面，具体的制度实施尚没有体现，可操作性差，这也是中国页岩气产业有效发展的严重制约。而美国联邦政府和州政府的法律法规从井口勘探到井场修复、从设备的节能使用到固液废弃物的处理，几乎涵盖了页岩气开发整个生命周期的方方面面。

二、补贴绩效评价研究现状

国外学者对政府补贴绩效进行了大量研究。主要从企业经营行为、投资行为和企业整体绩效三个方面来衡量政府扶持对企业绩效的影响。主要形成了“促进论”“抑制论”两大流派。“促进论”支持者认为政府补贴对企业的经营绩效具有显著的促进作用，能够通过有效降低企业经营成本，进而改善企业的总体经营业绩。Tzelepis 和 Skuras（2004）从生产力、获利能力、资本结构和发展能力四个方面对政府补贴与企业财务绩效的关系进行了研究，发现政府补贴有利于提高企业的财务绩效。Bergstrom（2000）认为政府补贴对当年的企业财务绩效有促进作用，但从第二年开始，政府补贴对企业财务绩效有抑制作用。Bernini 和 Pellegrini（2011）认为政府补助有一定的临界效应，在达到某一临界值后，政府补助的效果会出现反转。

我国对页岩气开发补贴的理论研究起步较晚，目前对页岩气开发财政补贴的研究主要集中在定性分析补贴对我国页岩气产业及经济、社会造成的宏观影响。针对补贴的绩效究竟如何，以及如何提高财政补贴资金的使用效率、优化补贴方式等的研究在国内鲜有涉及。张倩菲（2017）通过构建天然气供给市场动态博弈模型，提出在非常规天然气勘探初期，政府补贴对非常规天然气开采及国内整个天然气供气市场的影响非常重要。云小鹏（2019）利用投入—产出理论构建出评价天然气补贴政策影响效应的可计算一般均衡模型，认为补贴消减将使能源消费总量下降，但政策影响较小。随着国家对研发的重视度不断提升，也有学者开始关注创新投资行为在政府创新补贴与企业经营业绩中起到的作用。本书参考了其他行业的财政补贴绩效评价方法及内容，认为财政补贴要和政府财政的施政目标相符合，重视提高补贴专项资金的使用效率（Nelson 等，2007；Xu 和 Jiang，2010；Alaghbandrad 和 Hammad，2018；Carvalho，2019；徐海波，2011；李兆友等，2017；孙红霞和吕慧荣，2018；周坚等，2018）。

Happe 等（2003）运用空间动态模型分析德国某地区不同模式直补政策的绩效，结果表明以农场土地面积为依据制定的直补政策对农业结构调整、农业竞争力和农民收入没有太大影响。必须采用混合补贴政策，即采用土地面积和产量的混合标准，才能对农业竞争能力产生有效的且持续的积极作用。

近年来，在相关部门政策的鼓励和推动下，政府补贴对项目的重要作用也促使学者们对补贴绩效的研究不断深入。王镜（2008）通过改进政府与公交企业之间的委托—代理博弈模型分析补贴效果，认为按客运量补贴方式和服务及成本监督补贴方式效果较好。邹彩芬和余茜（2017）将 1998 年前 36 家农业上市公司作为研究样本，通过构建多元面板回归模型实证得出，政府扶持政策对农业上市公司的产出并无明显作用，且会造成企业管理层的寻租行为及偷懒行为。

熊勇清等（2018）通过实证研究表明：中国政府投入大量补贴支持新能源汽车产业，但补贴规模超过适宜水平，导致制造商的研发投入逐步缩水；要选择适当的补贴额度并准确把握补贴规模及范围，避免过量补贴带来的挤出效应。

张学达（2020）利用数据包络分析法（DEA）对吉林省整体及不同地市的财政补贴农业保险效率进行实证研究。结果表明，松原市、通化市和白城市等地市存在财政补贴规模报酬无效的现象，只有加大农业保险财政补贴的投入力度，才能实现整体技术效率的有效提升。除了白山市，其他地市都或多或少地存在农业保险财政补贴资金投入不足或投入冗余的现象。

不过也有部分学者认为，财政补贴对企业经营绩效的影响并非简单的促进或抑制。他们认为政府补贴在实施过程中，实际上产生了两种影响（抑制和促进），具体影响因政策实行的不同阶段而有所差别。一般情况下，很多看似具有促进企业发展的政府补贴也只在短期内有效，在政策实施之后的数年间，这种政府补贴反而抑制了企业的发展。他们认为，这主要是因为享受补贴的企业对政府补贴形成了较强的依赖性，已经习惯于“舒适”的发展环境的企业往往都不太愿意去研发、去竞争、去寻找新出路。显然，在这种情况下，政府扶持其实并不利于产业的长期发展（张美娟，2020）。

在实证方面，学者大多选用构造简单多元面板回归模型去寻求两者的关系。不过也有学者使用了门槛模型。万剑飞（2016）使用门槛模型研究财政补贴对企业绩效的影响，他发现：财政补贴总体上对企业绩效具有正向的促进作用，同时在影响企业绩效方面，企业性质起着非常重要的作用，即民营企业较国有企业受到此正向作用的效果更为显著。他还发现：财政补贴的门槛效应因行业而异，且政府补助只有达到一定门槛，这种政策才能显著提高企业绩效。此外，汤萱和谢梦园（2017）采用了 DEA 法来分析研究政府补助对战略性新兴产业产能效率的影响。针对新能源和新兴技术产业领域的研究大多在近几年才逐渐展开。魏志华等（2015）以中国 A 股市场 2010~2012 年 117 家新能源概念类上市公司为样本，从上市公司、投资者和高管三个维度出发，实证研究了政府补贴的最终受益者。研究发现，财政补贴对上市公司的经营绩效没有重大影响，这说明中国的财政补贴政策效率不高，有时甚至还会造成负面影响。

综上所述，现有文献对政府财税政策与企业绩效的关系做了大量的研究，为本书提供了丰富的资料信息和研究基点，也为本书留下了可以深入研究的空间和方向。

首先是研究尺度上的深化推进。现有文献对中国页岩气问题的研究呈现两类特征：一是多数停留在定性分析层面对比中美页岩气产业政策的差异进而提出改进建议。二是对页岩气问题的研究停留在对监管机制、法律政策和财税政策简单分析的层面上，有研究宽度却缺乏研究深度，特别是对中美页岩气财税政策的研究缺乏全面且深入的梳理。基于此现状，本书将结合定量分析与定性分析的研究方法聚焦页岩气财税政策进行深入全面的研究。

其次是研究方法上的优化拓展。本书聚焦页岩气补贴政策问题的研究，寻求绩效评价在定量分析层面的突破。国内外针对财税政策对企业绩效的影响做了大量的研究和探索，但是对于战略性新能源产业领域的相关研究较少。本书结合页岩气行业特征，将直接补贴和税收优惠对企业的影响在度量方法上进行优化。

三、补贴测算研究现状

对于页岩气开发项目政府补贴测算方面的研究，国内外文献几乎空白。徐东等（2018）对页岩气开发项目经济效益影响因素进行研究时，提出补贴额是影响经济效益的重要因素，采用科学的补贴额度才能最大化页岩气开发的经济效益与社会效益。汪金伟（2016）运用系统动力学模拟不同补贴情景与不同补贴额度下的政策实施效果，提出适当的补贴额度能够促进页岩气产量的稳定提升，对促进我国页岩气产业前期发展具有决定性的作用。曹艳（2022）根据新政规定“多增多补、冬增冬补”的原则，开展了不同情景下页岩气单位利用量补贴研究，认为今后页岩气开发区块的地质条件更差、埋深大幅增加，为了保持单位利用量补贴的稳定性，在当前的奖补办法和奖补金额下，应通过技术进步增加产量来获得更多的补贴。

其他多领域关于补贴测算的研究，国外开始比较早，且多以定价理论模型为基础进行测算。Reeven（2008）基于定价理论对客流量进行蒙特卡洛预测，测算出城市公共交通项目政府最佳补贴额。Ho 等（2017）以实物期权定价理论为基础，从项目融资可行性角度出发构建了政府补贴额测算模型。Juan 等（2008）从动态角度研究港口设施项目的政府补贴问题，以项目收益为依据对其进行动态补贴测算研究。

国内大部分学者则采用净现值法、博弈论、系统动力学等方法对补贴额度进行测算。运算方法相对简单，并且测算结果相对科学准确。在污水处理、交通运输、轨道交通等多领域项目中均有应用实例。展翔翔

（2017）分别在建设阶段和运营阶段，测算出收费公路项目基于收益的补贴、基于成本的补贴和基于利润的补贴三种补贴情况下的项目收益，最终得出基于利润的补贴方法激励效果最佳的结论。袁汝华和廖悦（2019）基于净现值法，结合重大水利工程项目实例，在考虑全生命周期投入产出效果后，建立了政府补贴测算模型和补贴额度调整模型，并比较理论补贴额与实际补贴额，确定模型适用性。于婷婷（2016）运用讨价还价博弈理论，考虑城市轨道交通项目特点后，建立了政府补贴测算模型，并以北京地铁 4 号线为例验证该补贴测算模型的有效性。李启明和熊伟（2009）以政府、社会资本方和公众三方满意为目标，建立项目动态调价与补贴的系统动力学模型，并通过实例验证该测算模型具有良好的价格调整与补贴测算作用。刘林和石世英（2017）以委托代理理论为出发点，根据项目模式的特点，建立了不完全信息下的政府补贴激励模型，提出解决政府补贴激励作用的新角度。向鹏成（2019）在确定物价与成本关系相关参数后，设计出不同运营效率下的激励性补贴模型，通过实例验证模型提升政府补贴激励效用的可行性。补贴模式与额度将直接影响补贴效果与效率，通过绩效评价结果设计出科学合理的政府补贴模式，测算补贴额度，并充分发挥政府财政补贴的激励作用，达到政府与社会资本方双方满意的效果，这种方式具有普适性。

四、研究综述

从现有文献来看，我国对页岩气开发补贴政策的研究大多是宏观层面的。另外，由于我国页岩气行业的快速发展，一些传统的研究方法已经不适合当前的情况。2011 年 12 月页岩气被国土资源部确定为第 172 种独立矿种。2012 年国家发展改革委、财政部、国土资源部和国家能源局发布《页岩气发展规划（2011—2015 年）》，明确提出页岩气价格实行市场定价、放开价格。以往研究人员无法获得大量的研究数据，现主要大产区及相关生产数据充足，因此可以从微观层面进行深入研究。

通过上述研究现状的分析可知，国内外学者对页岩气开发项目的政府补贴研究主要针对页岩气开发项目经济效益情况展开，侧重于经济可行性。从宏观上探讨补贴对页岩气产量、开采企业利润及页岩气产业发展模式等指标的影响，认为应维持补贴政策，并提出我国页岩气开发扶持政策定性化建议。但综合来看，页岩气开发项目政府补贴方面的定量研究非常缺乏，对于如何科学合理地构建页岩气开发补贴绩效评价体系及建立政府补贴测算模型，更需要有针对性地细化探究。

五、存在的问题

在页岩气资源价值凸显、开发势在必行的背景下，我国页岩气产业的规模化发展并不顺利，页岩气补贴在实践中也颇具争议。本书从页岩气开发补贴的实施效果及现行的均一化产量补贴方式特点两个角度出发，揭示页岩气开发补贴的研究存在的问题。

1. 缺乏页岩气补贴绩效评价

近年来，页岩气产业在我国发展迅速，但是由于我国实行页岩气扶持政策的时间较晚，理论研究不足，导致我国页岩气开发补贴绩效评价体系的构建缺乏指引，在实践中更是尚未得到切实有效的推行。自 2012 年颁发页岩气开发补贴政策以来，补贴政策不断调整，但并没有缓解国内多数页岩气开发项目存在的入不敷出、效益低下等问题，说明亟须构建页岩气开发补贴绩效评价系统，在此基础上对页岩气发展过程中出现的问题展开研究，为促进页岩气行业发展提供理论支撑和对策建议。

政府在制定和实施补贴政策前，企业在决策投资开发前均没有进行补贴绩效评价。由于补贴绩效评价是个系统工程，需要各个部门共同配合。审计部门在做绩效评价时通常选取的指标过于简单，代表性不强（Pi 等，2015）；而财政部门往往考虑的因素不够全面，仅对资金流向、地方配套资金等进行考察和分析；企业多在乎的是内部收益率、投资回收期等经济指标。理论学者则多是从实证方面进行绩效评价。因此，对页岩气开发补贴进行全面的绩效评价是提高财政资金使用效率，推动页岩气发展的有力工具。

2. 均一化补贴不再适用，需差异化补贴

随着页岩气产量的快速增长，中央政府面临的财政补贴压力越来越大，页岩气补贴政策将不可避免地进入逐步减少和取消阶段。现如今，在原有的定额补贴政策下，企业只要维持稳定的产量，就能拿到稳定的补贴，不利于提高企业增产积极性，不能较好地激发企业加大投入，实现增产。

不同页岩气类型效益开发差异大，目前仅实现志留系4000米以浅页岩气的效益开发，深层、常压、新层系页岩气尚未实现效益开发。中国工程院杨启业院士认为：国内页岩气补贴相对于国外补贴力度偏低且不具有差异性，起不到补贴高效发挥的作用。正是所有地区均能享受同等政府补贴，对于那些资源规模大，易开采页岩气的区块而言，即使没有政府的财政补贴，仅依靠页岩气的高产量，也能获得收益。相反，那些中等开发潜力及价值的区块，却也是我国存在的绝大多数类型页岩气区块，享受补贴较难也相对较少，企业缺乏足够的投资热情。针对不同开发潜力的页岩气区块，这种相对分化的态度也反映出现行补贴政策的精准性不足（见表1-6）。企业A以志留系4000米以浅页岩气为主，已实现效益开发，企业B以深层页岩气为主，尚未实现效益开发。但2018~2020年企业A页岩气补贴明显高于企业B，2019年平均每立方米页岩气的补贴也明显高于企业B。补贴政策并未考虑页岩气类型的差异性。

表1-6　2018~2020年企业A、企业B页岩气产量与补贴

企业	2018年			2019年			2020年		
	产量（万立方米）	补贴（亿元）	平均补贴（元/立方米）	产量（万立方米）	补贴（亿元）	平均补贴（元/立方米）	产量（万立方米）	补贴（亿元）	平均补贴（元/立方米）
A	60.2	18.1	0.3	63.3	11.5	0.18	67.1	9.0	0.13
B	0.5	0.2	0.3	2.1	0.3	0.14	6.8	0.9	0.13
合计	60.7	18.3	0.3	65.4	11.8	0.18	73.9	9.9	0.13

资料来源：笔者根据王纪伟等（2023）整理。

页岩气属于稀缺性资源产品，若持续给予无差别补贴，会对市场发出错误信号，助长开采，储量大的区块得到“哄抢式”优先开发，不利于中等开发潜力及价值区块产量的稳步提升，也不利于页岩气产业的健康发展。2019年《关于〈可再生能源发展专项资金管理暂行办法〉的补充通知》提出的“多增多补”也存在一定的弊端。该补贴方式虽然能够提升不同企业在非常规天然气生产中的竞争力度，但并未从我国页岩气产业均衡发展的长远角度考虑，此类补贴方式会让开发商对资源禀赋条件较差的区块避之若浼，导致深层、常压、新层系页岩气由于基数小、上产少，补贴也低。相反，志留系 4000 米以浅页岩气基数大、上产多，导致补贴也较高，不利于页岩气产业的健康发展。况且对于一些早期已投入大量勘探资金的开发新目标地区，如果因产量问题取消补贴或大幅减少补贴，这些目标地区在发展过程中很可能遭受损失。

因此，调整补贴政策中的公平与效率关系是直接补贴政策实践中特别迫切的现实问题（梁世夫和王雅鹏，2005）。精准补贴是提高财政资金使用效率的要求，也是实现社会公平的要求。由于各区块资源禀赋条件不均衡，政府应因地制宜，维护财政补贴的公平性。均一化的产量补贴虽能一定程度地缓解企业内部的效率问题，但却加剧了不同区块上企业的利润不平等，在这种情况下，制定具有资源禀赋及开采条件针对性的补贴政策，也就是资源禀赋及开采条件较差的页岩气区块对应的补贴标准应高于资源禀赋及开采条件好的区块，更适合我国页岩气的发展需求，同时具有很强的现实意义。

第三节 研究内容及思路

本书的写作思路是一个递进的过程：首先对国内外关于页岩气开发补贴政策进行梳理并指出补贴的必要性及存在的问题；其次对页岩气开发补贴的绩效进行宏观评价，通过构建评价指标体系并辅助以案例分析进行验证；再次从政府和企业两个参与方视角，对页岩气补贴绩效影响机理进行定量研究，从政府视角的期望社会效益和企业的经济效益入手，评价补贴政策的实施效果并分析其特点；最后基于绩效评价结果，提出补贴额度优化方向，建立补贴测算模型。本书包括七个章节，以下将对各章节的内容进行介绍：

第一章，引言。本章内容主要阐明了研究背景及意义；详细比较了美国与我国页岩气相关扶持政策现状，并总结出我国页岩气开发补贴研究内容及思路、方法及技术路径，以及存在的不足之处。

第二章，相关概念界定与理论基础。定义了页岩气开发补贴范畴，系统分析了页岩气开发补贴存在的必要性，并针对绩效评价理论和委托—代理理论做了介绍。

第三章，页岩气开发补贴绩效综合评价体系构建。首先阐述了页岩气开发补贴绩效评价指标体系的设计原则；其次利用关键绩效指标法从五个维度，通过查阅文献进行指标的初选，并对30个初选指标的含义做了详细介绍；再次采用专家调研法进行二次筛选，确定涵盖四个维度的12个指标；最后根据所选定的指标建立页岩气开发补贴绩效评价指标体系。综合评价首先采用熵值法确定12个指标的权重，并详细分析计算过程。在绩效评价指标体系及各指标权重确立的基础上，对重庆涪陵区块和四川威远区块钻井平台进行案例评价和比较，得出补贴绩效存在区域性差异的结论。

第四章，基于双方参与主体的页岩气开发补贴绩效评价。首先介绍页岩气开发补贴所涉及的参与主体，从政府与企业双方视角构建页岩气开发补贴绩效定量评价框架。然后基于页岩气开发补贴对政府绩效影响机理，结合政府补贴政策的施政目标分析，认为补贴对政府的绩效影响体现在增产效应上。继而运用静态面板门槛回归模型，分析补贴对页岩气增产的非线性影响，并验证补贴是否有助于页岩气增产。

第五章，基于企业视角的页岩气开发补贴绩效评价。本章首先用页岩气开发生产费用投入指标量化生产积极性，基于三大区块相关财务数据，利用多元线性回归模型测度补贴对企业生产积极性的提升作用；其次借助以页岩气开发为主要业务的上市公司的年报数据，利用DEA模型和Malmquist指数法，分别从静态和动态角度分析补贴下页岩气企业的生产效率，验证补贴对企业生产效率的影响。

第六章，页岩气开发补贴测算模型的构建。根据前述页岩气补贴绩效宏观与微观分析结果，提出具有区块特征的差异化补贴额度设计方向。将现有均一化产量补贴优化成基本补贴和可变补贴。首先以企业上报的财务报表为计算依据，利用净现值法计算出以行业基本收益率为前提的最低补贴值。其次利用委托—代理模型建立政府与页岩气企业各自的收益函数，测算出满足双方效益最大化的可变补贴。最后综合得到优化后的补贴值。

第七章，结论建议及未来展望。整合本书的理论与实证分析结果，简要概括本书结论，并提出进一步深入页岩气开发补贴绩效评价、完善页岩气补贴额度测算模型的具体措施。

第四节 研究方法及技术路线图

本书采用的方法主要有文献调研法、关键绩效指标法、专家打分法、熵值法、案例分析法、多元线性回归法、DEA 模型、Malmquist 指数法、净现值法、委托—代理理论、改进层次分析法等。

（1）本书在文献调研的基础上结合理论分析，对页岩气开发补贴现状进行概括总结，分析其必要性及存在问题，为后续页岩气补贴优化提出拙见。

（2）本书用关键绩效指标法对页岩气开发补贴绩效评价的指标体系进行初步设定，主要从补贴对页岩气开发项目的经济、效率、规模及风险四个角度进行评价指标体系的建立，并用专家打分法对指标体系进行筛选得到最终页岩气开发补贴绩效评价的指标体系。然后利用熵值法对指标权重进行计算，最后用已建立的评价模型对涪陵区块与威远区块某钻井平台工程进行案例分析，探讨页岩气开发补贴绩效总体水平及各维度绩效水平。

（3）本书采用多元线性回归法对页岩气开发补贴提升企业生产积极性的影响机理进行探讨。以页岩气开发生产费用投入为被解释变量，以页岩气开发补贴为核心解释变量，同时将影响页岩气开发生产费用投入的资源及开采条件参数（埋深、地层压力系数、地面条件、水资源是否充足、地区 GDP、城镇人口占比）作为其他解释变量纳入模型，测算得到补贴对生产费用投入的影响效果。

（4）本书采用 DEA 模型与 Malmquist 指数法相结合研究补贴对企业生产效率的影响。模型以页岩气开发补贴、在职员工人数、运营成本费用为投入类指标，以主营业务收入、页岩气产量为产出类指标，测算页岩气开发补贴对企业生产效率的影响。

（5）本书采用面板门槛模型研究页岩气开发补贴对页岩气增产效果的影响。模型以页岩气产量为解释变量，以政府补贴、区块资源禀赋及开采条件参数为解释变量，测算补贴与页岩气产量增产的非线性关系。

（6）本书采用净现值法测算能保障企业基本收益的基本补贴。在不低于行业平均投资回报率的前提下，将页岩气项目建设期与运营期内的净现金流量作为定量指标测算得到基本补贴。

（7）本书采用委托—代理模型测算满足政府与页岩气企业博弈关系下的可变补贴。通过构建政府与页岩气企业双方的收益函数和约束条件，测算出能刺激企业投资开发，同时实现政府最大期望效益的可变补贴。

本书技术路线见图 1-7。

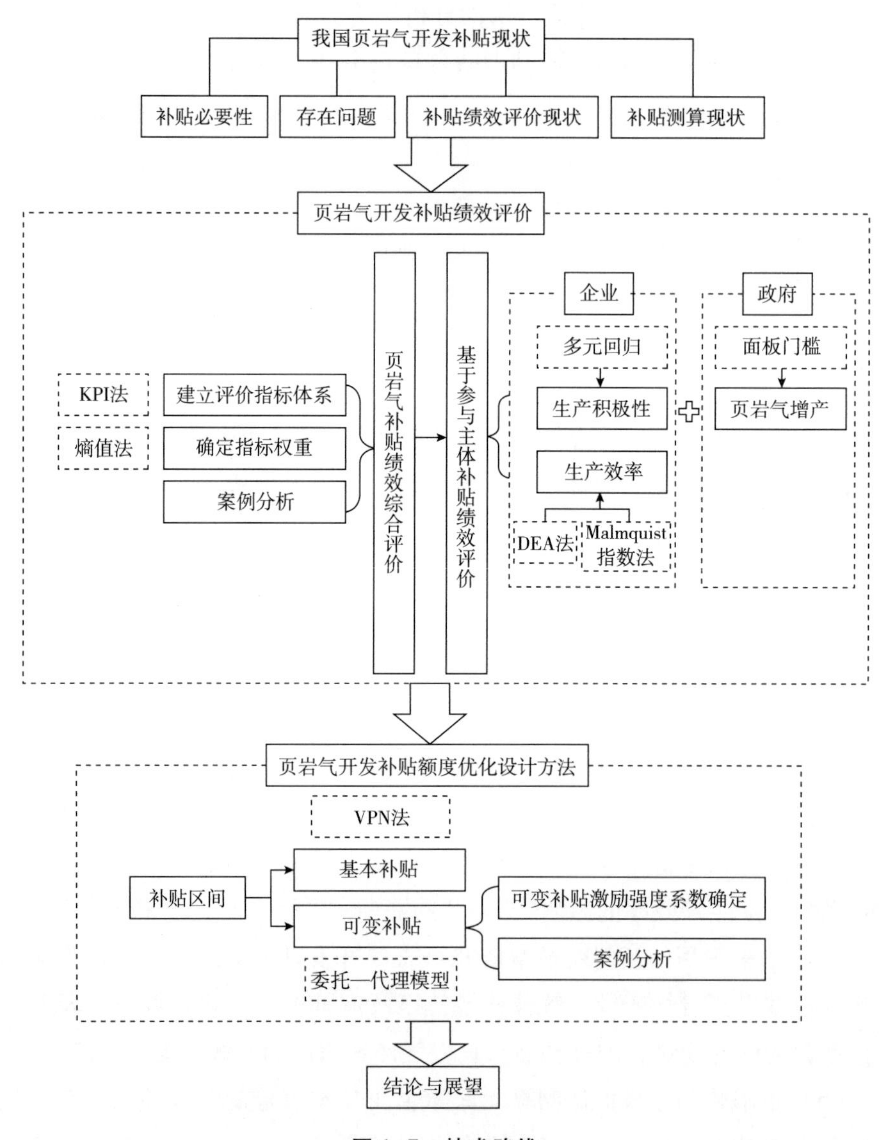

图 1-7 技术路线

第五节 创新点与不足之处

一、创新点

（1）从文献资料梳理上可以看出，目前针对页岩气开发补贴政策绩效评价及补贴额度优化的研究非常之少，且多数停留在定性分析层面。本书以页岩气开发补贴为研究主体，构建了集成财务、效率、规模、风险多维度的页岩气开发补贴绩效评价指标体系。系统分析了补贴对页岩气企业、政府双方绩效的影响机理，并定量评价页岩气开发补贴绩效。不同评价主体选取不同的目标变量，采用不同的实证分析，避免了单一模型方法可能导致的实证结果片面性问题，能够较全面地反映页岩气开发补贴绩效情况。且在理论分析的基础上对页岩气产业链上的相关企业进行了实证研究，支持验证了前人的结论。

（2）引入委托—代理理论，解释和描述了政府与企业之间的博弈关系和信息不对称特征，在此基础上构建资源禀赋特征与可变补贴额的函数关系，确定不同类型页岩气区块所需的差异化补贴额；并提出了差异化补贴的额度优化方法，将现有固定产量补贴优化成最低保障补贴与可变补贴组成的具有区块资源禀赋特征差异的补贴方式，以实现政府与企业双方效益最大化。这体现了补贴政策的公平和效率，同时促进了页岩气的平衡和可持续发展。

二、不足之处

（1）本书从政府、企业两个角度进行补贴绩效影响机理分析，但页岩气开发补贴涉及的参与方众多，尚未系统考虑；并且本书中的企业为各类从事页岩气相关活动企业的统称，未对其进行详细划分，这导致绩效评价在一定程度上缺乏针对性。

（2）补贴额度测算过程中，由于区块案例数量较少，且政府虽然制定了关于2018~2020年的补贴计划，同时在2018年4月出台了降低资源税的税收优惠政策，但是由于时间受限及相关公司的数据可得性问题，不足以量化成具有代表性的数据进行验证，这在一定程度上影响了额度测算的科学性。

第二章
相关概念界定与理论基础

在分析我国页岩气补贴政策实施效果及补贴额度优化之前，本章首先对页岩气开发补贴涉及的相关概念进行阐述，界定本书所研究的页岩气开发补贴范围，其次归纳总结页岩气开发补贴存在的必要性，最后给出补贴政策相关理论依据。

第一节　重要概念界定与研究范畴的解释

一、页岩气项目的经济特征

页岩气开发项目具有前期投资量巨大、运营期长、运营维护费高、投资回收期长的特点。这些特点也决定着页岩气项目盈利能力弱，常常难以回收成本或不能达到合理利润率（罗东坤等，2014），需要在政府机构的补贴支持下才能发挥社会效益。

1. 建设期投资量巨大

建设期投资是指项目资金正式投入开始到项目建成为止所发生的费用。主要包括地面工程费用与钻完井工程费用。页岩气地面工程围绕页岩气集输与处理、压裂返排水处理等展开。在页岩气开发新兴地区，页岩储层致密低孔低渗和产量快速递减使得页岩气开发需要开钻更多的井，这就意味着需要更多的地面配套设施。另外，我国页岩气藏普遍处在山区或丘陵地带，大型设备进入困难，地面平整耗时长，地面施工困难、水资源获取困难等都是造成地面工程费用高的原因。

钻井工程费一般与开发井类型、目的层埋深和钻井进尺有关。井结构的不同，也带来了施工费用等方面的不同。不同的井型对钻井准备费、钻井施工费、作业费、设备费都产生相应的影响。我国页岩气藏埋深相比美国较深，平均为 3000 米，这使得我国页岩气开发成本与难度明显高于美国。

压裂工程作为完井措施，也是建设期投资费用占比非常大的一部分。压裂工程投资主要包括压裂施工费（压裂材料、压裂施工等）、作业费（作业施工、射孔、配液等）、排采设备费、排采劳务费等几项。我国压裂工艺多采用国外设备及材料，依靠国外技术人员，造成成本高昂。

2. 投资回收期长

页岩气项目规模庞大，技术性高，在建设初期阶段需要大量资金，在地面平整、设备安装、管道铺设、垂直与水平钻井和水力压裂等方面，成本支出要远远大于传统的油气开采工程。页岩气项目正式进入产气阶段时，即使产量较理想，初期仍然难以盈利，甚至造成亏损（史建勋等，2021）。但从长远来看，单次投资额大但开采时间长的页岩气产出会节约大量的运营成本，页岩气项目所需经营年限往往在 20 年以上（米华英等，2010），后期可依靠逐步递增的页岩气产量来回收前期投资。

3. 正向外部效益

页岩气由于自身的清洁能源性质，具有明显的正外部性。也就是说，页岩气项目在能够使企业获益的同时，还能发挥较好的社会效益。页岩气为国民乃至国家的能源需求问题提供了一条现实可行的路径，在保障能源安全的同时具有绿色可持续发展的潜力，发挥着重要的社会效益。同时，页岩气开发有利于改善我国能源结构，提升我国在国际能源政治中的博弈能力及实现我国减排目的。

二、页岩气开发补贴的概念

页岩气开发项目政府补贴是指政府方采用直接出资的方式，向企业支付一定的补贴额，确保其获得合理利润。项目阶段分为建设阶段和运营阶段。在建设阶段，社会资本方需进行大量投资，用于项目的地面工程建设和钻井工程。在运营阶段，社会资本方需投入日常设备运营和维修成本，员工的工资、管理费用等成本。当钻井完成并成功压裂后，若总成本小于总收入且能达到预期投资收益率时，将对利益进行分配；若总成本大于总收入或虽总成本小于总收入但不能达到预期投资收益率时，政府部门将考虑给予社会资本方适当补贴，以弥补其亏损和不足。政府补贴的形成过程见图 2-1。

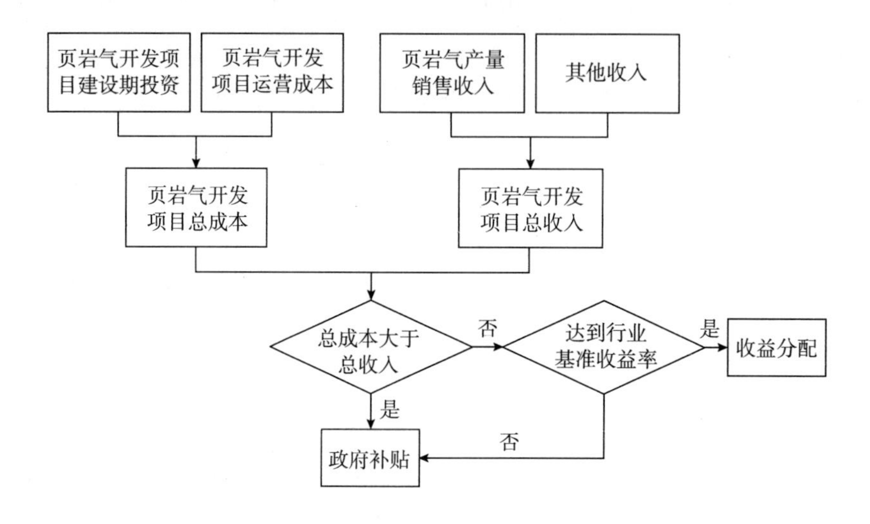

图 2-1　页岩气开发项目政府补贴形成过程

资料来源：笔者自行整理。

第二节　本书的理论依据

一、页岩气补贴必要性分析

人类的生存与发展离不开对能源的消费。页岩气作为一项重大的能源基础产业，其产业的发展不仅对国民经济的可持续发展有重要影响，也是向低碳经济发展模式转变、履行国际环境义务的必然。

页岩气补贴是指对页岩气进行开发的补贴，由于页岩气资源本身的准公共物品特性，页岩气补贴不仅具有经济理论意义，也具有重大的社会实践价值。从补贴主体——政府而言，政府之所以要干预经济活动，是因为存在市场失灵。在没有政府干预的市场经济条件下，页岩气开发的利润不足以刺激企业参与投资，因此企业会优先考虑开发成本低的能源产品，使得页岩气在市场竞争中处于不利地位。而作为财政政策手段的补贴正是政府以财力保障企业利益，鼓励页岩气产业大力开发的有效途径之一。就补贴客体而言，中国的页岩气产业属于发展初级阶段。首先，页岩气开发对于资源禀赋特征的依赖性直接影响了页岩气产量，甚至决定某页岩气区块是否进入开发计划；其次，相对非常规油气而言，页岩气“三低”（低压、低单产、低采收率）、“一高一快一长”（高投资、产量递减快、投资回收期长）的特征，以及环保和水资源生态问题，决定了项目自身的盈利能力较弱，若要实现不断增产对技术与综合成本的要求都会很苛刻，因此页岩气开发将难以吸引到社会资本；然而，我国对天然气量的高需求给页岩气产业带来了新的机遇与挑战（陈骥等，2019）。正是页岩气本身所具有的资源禀赋特殊性和页岩气开发所具有的高技术风险性，以及与常规天然气相比较高的综合成本，决定了页岩气客观上需要政府相关部门能提供必要的财政支持，优化资源配置（于洋，2019）。并且国家给予页岩气一定额度的补贴，已经对页岩气产业的发展起到了重要作用，因此继续给予非常规天然气财政补贴非常必要。

1. 外部性理论的论证

外部性理论是经济学的重要理论，是指“经济主体在经济活动中对其他主体造成了影响，而这种影响未计入市场交易的成本之中”（刘滢泉，2020）。一般分为两种：一是外部经济，该行为对他人带来的收益小于该行为造成的社会收益；二是外部不经济，该行为对他人带来的成本小于该行为造成的社会成本。

（1）行业公平性竞争。常规天然气的使用虽然能满足人类社会对生产力消耗的需求，但是却带来了环境的严重污染、资源的大量减少。这些负外部性影响是不可逆、不可补偿的。页岩气相较于传统化石能源，对环境的不利影响大大削弱，具有相对较佳的清洁性，能够给环境保护、能源续航及可持续发展带来福音，但这种优点并不能给页岩气的生产和使用本身带来额外收益。也就是说，在缺乏政府干预，完全依靠市场的情况下，传统油气能源对环境的损害没有被计入成本中；相应地，对比传统能源可以称之为清洁能源，在替代传统能源进行开发的过程中节约了部分的环保费用，但同时支出了大量因高技术高难度开采所消耗的成本，并没有获得有效的经济回报，而是由企业为页岩气的清洁性、能源可替代性、可持续性等优点自行买单。

从事页岩气开发的企业作为理性经济人，最终的目的是追求自身利益最大化。因此当存在外部性时，市场在调节资源配置上往往不是最优的。比如，在面对较低开发成本的传统油气资源时，企业不会选择更高成本的页岩气资源进行开发。同样地，在有资源禀赋佳、开发条件好的页岩气区块可以选择的情况下，企业不会愿意投资更高成本的技术与设备去支持开发潜力差的页岩气区块。换句话说，在收益与成本不对称的情况下，页岩气资源将无法与常规油气资源相竞争，这种无政府干预的市场，看似平等，实则不公平。

经济学理论认为，当市场无法处理这种外部性时，政府干预也就有了必要性。通过对页岩气开发给予直接补贴、研发补贴、减免税收等优惠政策，降低页岩气开发成本，为企业增加收益，进而实现经济效益。通过补贴措施将页岩气开发所带来的社会效益的正外部性内部化。虽然表面上这种补贴措施对于常规油气能源和页岩气资源产业给予了看似不平等的待遇，但常规油气资源的负外部性和页岩气的正外部性造成的最终产品成本差距可以得到控制。补贴的价值在平衡常规油气使用的负外部性和页岩气使用的正外部的过程中得以彰显。

（2）国家能源及经济安全。页岩气开发对我国能源安全保障有明显的积极作用。补贴在促进页岩气产业规模化发展的条件下，能同时影响到国家的能源及经济环境。从能源安全角度的进口天然气来探讨补贴在其中可能发挥的作用。

以涪陵气田为例，其所在的四川盆地是目前国内最大的页岩气产区，具有独特的区位优势，可以西接中缅天然气管道、中亚天然气管道，周边覆盖陕西、广西、云南、贵州地区市场，向东覆盖华中地区市场。可将涪陵气田页岩气成本水平，与进口中亚管道天然气和西南地区进口液化天然气（LNG）抵达重庆门站的综合成本进行比较，分析页岩气开发对降低我国天然气消费成本的作用。按照国内现行天然气定价机制，涪陵页岩气到重庆门站的合理价格约1.83元/立方米（含增值税），进口中亚管道天然气到重庆门站完税价格约2.4元/立方米（含管输费约0.6元/立方米），进口LNG到重庆门站的完税价格约2.8元/立方米（含气化费0.4元/立方米）（Liu等，2020）。以2020年页岩气产量达80亿立方米的规模计算，国家财政仅支出21亿元财政补贴，可以替代进口天然气80亿立方米（以进口中亚管道天然气和进口LNG各占50%计算），年均可以降低天然气消费成本62亿元，节约外汇支出①。此外，扶持页岩开发还可以增加天然气进口价格谈判筹码，有利于降低进口管道天然气和LNG价格，对国民经济发展意义重大。当然，也有文献指出其他地区的进口天然气与我国陆基天然气门站价相差很小，这种价格关系的扭曲在一定程度上打击了我国国内天然气的生产（段鹏飞，2013）。通过自产气与进口气比较可知，若将进口天然气资金用于保障国产气增产与稳产，一方面是对国家能源安全的保障，另一方面是国家外部经济安全的干预手段。

2. *产业保护理论的论证*

产业保护理论是基于幼稚产业而言的理论性研究。该理论可概括为一国在新兴产业的初创阶段，对该产业采取适当的、有节制的、有期限的保护措施，可以降低生产成本，提高产业竞争力，进而对国民经济发展做出贡献；在该产业达到一定的规模、发展程度，具有一定的市场竞争力后，要逐步减弱保护程度，直至取消保护。

从产业发展阶段来看，产业生命周期包括幼稚期、成长期、成熟期和衰退期。而幼稚产业是处于产业发展初级阶段的产业。页岩气产业在开发建设初期，与传统油气产业相比，一是需要大量的基础设施建设和研究开发成本的投入，在市场环境下难以实现成本回收和生产维系，适当的补贴措施能有效帮助页岩气产业度过初创期。二是在现代科学技术没有突破性

---

① Liu J Y, Li Z X, Duan X Q, et al. Subsidy Analysis and Development Trend Forecast of China's Unconventional Natural Gas under the New Unconventional Gas Subsidy Policy [J]. Energy Policy, 2021 (153): 112253.

发展前还将长期处于产业发展的初级阶段。

本书结合页岩气开发特点，从整体层面上认定页岩气产业为我国的幼稚产业，适用于幼稚产业保护理论。鉴于页岩气资源及其产业本身的特殊性，补贴对页岩气开发和页岩气产业的发展就具有了必要性。主要从两个方面来体现补贴的保护性。

（1）补贴成效差不等于对补贴政策的否定。2012 年 10 月，国土资源部（现自然资源部）对我国页岩气矿权进行首次公开招标，同时期发布页岩气补贴政策。但是，三年探矿权到期之际，招标时设定的诸多愿景并未实现。中标企业的勘查内容未达成，也未获得实质收获。专家认为，页岩气勘探开发情况不如人意，主要是我国资源禀赋不佳、开采技术难度高导致的；另外，也有政策实施不到位、应用效率低下的原因。

我国的页岩气开发补贴前后经历了数次额度调整，而相关的监管机制及准入、环保等配套性细节问题尚不明确，使得补贴的实施情况不尽如人意。补贴实施困难的原因在于页岩气补贴制度的不完善。

众多学者指出：现行的补贴实施门槛高，条件苛刻，使大部分页岩气企业得不到应有的补贴；就算能够得到补贴，实际发到手里的也非常少。大多数页岩气企业虽然实际上进行了页岩气开发利用，却难以达到获取补贴条件。主要原因就是补贴的条件设置得不合理导致补贴成效差，补贴效率低。例如，规定补贴条件为：企业需安装可以准确计量页岩气开发利用的计量设备，并能准确提供页岩气开发利用量。地质参数也有规定：夹层的单层厚度不超过 1 米，气井目的层夹层总厚度不超过气井目的层的 20%，这相当于将符合标准的页岩气开采储量进行了大量缩水。事实上，页岩气指标是相互影响的，这种硬性规定不符合页岩气本身的特殊性质，对政策的实施也是一种阻碍。

我国页岩气行业存在研发和生产成本高、开采技术水平低、投资风险高等因素，阻碍了页岩气产业的有序发展。从政府角度分析，在传统的油气能源增储上产难度日益增加、环境问题突出、天然气消费供应不足的背景下，页岩气又必然成为经济发展的要求。因此，在该特定的背景下，页岩气开发补贴制度的建立有其必要性和合理性，不能因为页岩气产业初级阶段的政策实施效果不理想就全盘否定补贴制度。

另外，国外页岩气补贴政策的成功经验也指出补贴的必要性。作为“领头羊”的美国在页岩气开发上的经验较成功且历史较久，一直以来都通过财政政策、税收优惠、研发投入等手段来推动页岩气的进一步发展。这都表明页岩气开发补贴是经过实践证明的，促进产业健康发展的重要经济干预工具（黄永颖，2017；李月清，2021）。

（2）补贴退出将会影响页岩气行业发展。我国自2005年开始关注页岩气资源，但直到2010年该技术领域才有国内专利申请。截至2022年底，国内排名前三的中国石油天然气集团有限公司、中国石油大学、中国石油化工集团有限公司三家单位的专利数量（165件）占该技术领域专利申请总量的31.7%，但是与全球排名第一的哈里伯顿（228件）差距仍很大，说明国内企业在该领域的国际技术竞争力较弱①。

在自主创新能力与技术相对落后的情况下，我国页岩气产量在自产天然气中的占比虽然很小，却仍能保持稳定并上升的趋势，逐步扩大的页岩气占比表明了我国对页岩气发展的重视程度，政府的政策在其中扮演了十分重要的角色。2013年，我国页岩气产量为2亿立方米，仅占天然气总量的0.2%；2018年，油气价格回暖带动产业链景气度上升，页岩气产量已超过100亿立方米，占比达到6.8%②。

页岩气产业对技术的依赖远远大于传统油气产业，在技术没有得到突破性发展之前将长期处于产业发展的初级阶段。专家也指出：只有技术的持续进步甚至突破才能降低生产成本，进而在竞争中获得优势地位。而技术的进步需要在页岩气开发所需多领域的长期性研发投入。补贴政策的退出会影响企业进入页岩气开发相关产业的投资、研发、创新及生产，继而影响页岩气产业的整体发展。

通过以上论证可知，我国页岩气开发作为新兴产业的初创阶段，采取适当的补贴保护政策可以降低页岩气开发成本，推动页岩气开发技术创新，

① 于智博，朱玉明，杨琪敏，等．基于专利分析的页岩气技术发展策略研究［J］．内江科技，2019，40（11）：20-21+95.

② 赵群，赵素萍，刘德勋，等．低油气价格下北美页岩油气发展危机及解决方案［C］//上海联合非常规能源研究中心，上海市经济学会能源经济研究专业委员会．科创中国·ECF国际页岩气论坛2022第十二届亚太页岩油气暨非常规能源峰会论文集．2022：29-40. DOI：10.26914/c.cnkihy.2022.053976.

从而推动整个页岩气产业规模化发展。页岩气开发补贴作为一种常用的保护方式，其价值在促进页岩气产业发展、壮大的过程中得以彰显。

二、绩效评价理论

本书绩效评价表示为页岩气开发补贴政策绩效评价。绩效评价一词最早由美国学者提出，主要是用于企业管理和项目管理等管理学方面。从字面意义可以看出："绩"是指某项工作所获得的成绩，表示为该成绩与既定目标之间的达成度，体现了该工作的"内容"；"效"是指效果，表示完成的效果与该项工作之间投入产出之间的效率关系，重在体现完成工作的效率（张学达，2020）。

绩效评价的主体是指执行绩效评价的机构。页岩气开发项目参与方众多，一般包括政府、企业、金融机构、专业设备供应商、施工单位、输气管道公司等。而补贴政策对页岩气项目各参与方造成的绩效影响更是错综复杂。各参与方对绩效评价主体作出补贴绩效评价时，都会侧重本部门在项目中的绩效水平。我国绩效评价主要由政府部门作出，以政府部门为主体的绩效评价关注与政府相关的特定因素，导致项目利益相关者的因素及项目利益相关者对政府自身的影响没有被考虑到，这对最终的绩效评价结果有较大的影响。笔者认为需以页岩气项目监管机构为主体，全面统筹考虑项目各参与方利益，对绩效进行全面客观的评价（Verhoest 等，2015；刘晴，2013）。

绩效评价的实施流程包括计划制订、数据搜集、评价与考核四个阶段。

（1）计划制订阶段。该阶段需要通过科学、合理的方法筛选评价指标，并订立评价标准。制订一个科学的评价计划是实施页岩气开发项目绩效评价的第一步，通过对页岩气开发项目关键绩效指标的分析，建立页岩气开发项目绩效评价的指标体系。

（2）数据搜集阶段。数据搜集阶段在页岩气开发项目绩效评价中占用的时间最长，这一阶段主要是通过有效的沟通，搜集与页岩气开发绩效评价相关的数据。数据应当尽量真实、可靠，对于定性评价数据，要加大样本数量，使其尽量客观。

（3）绩效评价阶段。绩效评价阶段是对上一阶段搜集到的数据，选用合适的方法，计算出页岩气开发项目的整体绩效水平。

（4）考核阶段。分析出页岩气开发项目的综合绩效水平，找出项目绩效需要改进的环节，制订合理的改进方案并监控方案施行，促进项目综合绩效水平的提升。

三、委托—代理理论

1. 委托—代理理论概述

委托—代理理论作为信息经济学的重要内容，是在不完全信息下的一种博弈（Berle 和 Means，1932；Kessides，1993）。当一方授予另一方某种特权来代替其进行某项活动时，就会产生委托—代理关系。授权方被称为“委托人”，被授权方称为“代理人”。

委托人和代理之间存在两个冲突问题：一是委托人和代理人之间利益的不一致。二是委托人和代理人之间信息不对称。一方面，在委托—代理理论中，委托人和代理人都是经济人，其目标都是实现自身利益最大化。由于利益的冲突，代理人便可能谋取自己的利益，即产生代理问题。另一方面，代理人拥有私人信息，在信息占有上处于优势的参与者，而委托人在信息占有上处于劣势的参与者。在委托—代理关系中，委托人并不能直接观测到代理人的努力工作程度，也无法判断哪一种努力程度是与委托人的利润最大化目标对应的；而代理人则可利用自己拥有的信息优势，谋取自身效用最大化，从而产生代理问题（张前荣等，2007）。

在这个过程中，委托—代理理论的中心任务就是在利益冲突和信息非对称的情况下，委托人希望通过建立激励约束机制来激发代理人的责任心和创造性，抑制不良动力和行为，从而设计出具有激励代理人愿意按照委托人的要求努力完成工作任务，双方在互相博弈的过程中实现“双赢”局面的最优合同。在委托—代理关系产生后，项目实施中委托人不能完全观察到代理人的全部行为活动，只能通过外观变量和其他随机因素来判定代理人的活动是否符合委托人的利益要求（Barzel，1969）。所以双方是在不完全信息下发生的行为，委托人会以实际观测到的或代理人汇报获得的信息为评价依据，对代理人的经营活动情况施行奖惩，从而发挥活动效用最大化的目的模型。

2. 委托—代理理论对页岩气开发补贴绩效评价的指导作用

（1）委托—代理理论有利于分析政府实施补贴绩效中存在问题的原因。透过现象看本质，政府在页岩气开发补贴政策执行过程中作为委托人因不够了解项目的困境和实情常常无差别执行、严苛执行、包干制执行，不过问事前、事中、事后的变化和需求，补贴政策因其执行过程的不变通和偏差问题而不能将能量充分释放，不仅会损害补贴政策对象的利益，也会损害政策制定和执行者的形象。企业的逐利性会使能更多获利的资源被优先开采，破坏了资源与能源利用的正常秩序，不利于产业的健康发展和社会主义现代化建设事业的顺利发展，不利于和谐社会的构建。

（2）委托—代理理论对企业选择合适的投资行为具有一定的指导意义。一个企业在投资上需要对风险与收益的关系进行详细分析，只有使风险和收益的平衡达到一个理想值时，才能最大化企业的价值，从而达到期望目标。政府对页岩气开发补贴政策的制定及实施，将直接影响企业的风险与收益。风险判断的准确性反映出企业对补贴政策影响因果的考量的全面程度。收益预估反映的是对企业的努力水平把控的精确程度。这两种特性都对企业的投资行为产生很大的影响，所以政府作为委托人在设计补贴政策模式时，要注意不仅应根据中央政府和地方政府自身的财政环境，而且要明确反映出政府对页岩气产业的发展规划目标。

第三节　本章小结

本章首先分析了页岩气项目的概念、经济特征。其次对页岩气开发政府补贴的含义做出解释。再次分析了页岩气补贴存在的必要性理论，阐述了绩效评价的理论过程。最后对建立测算模型所需运用的委托—代理理论做了基本介绍，为后续的研究做基本概念和相关理论的铺垫。

第三章
页岩气开发补贴绩效综合评价体系构建

第一节　页岩气开发补贴绩效评价体系构建

一、评价指标体系的构建原则

科学合理的评价指标体系能保证系统评价的准确有效性。建立评价指标体系需要遵守一定的原则，而不是简单地拼凑，它主要包含以下原则：

（1）系统科学性。从页岩气开发的各个方面考虑指标体系的建立，把评价指标与目标相结合，形成一个有层次的整体。指标体系的建立还应符合页岩气产业发展的客观规律。指标数据来源应有依据。

（2）简单可行性。指标的选取应具有概括性、代表性，能够代表绩效因素的某一方面。作为补贴政策的研究指标，最终是由政府决策者使用，应便于政策制定和科学管理。因此，指标体系的量化不宜繁杂，尽量利用现有公开资料，有利于对指标体系的掌控。

（3）效率性。绩效评价体系要体现出效率评价的目标导向，围绕页岩气开发补贴的实施效果层层展开。在产出一定的前提下，花费最少的成本；或在成本支出一定的前提下，产出水平更高。考虑到页岩气的特殊性，这里的效率包括经济效率和社会效率。

（4）相关独立性。指标之间尽量保持相对独立，关联性尽量小。

（5）定性与定量相结合。绩效评价必要建立在大量的量化数据的基础上。而有些数据是不能量化的，需要通过专家经验做出判断，这种软评价受到主观意识影响较大，但是专家分析能够在众多信息中提炼出有用的、有关事物本质的信息。因此，在建立评价体系时，应注重定性定量指标结合分析。

二、评价指标体系的初选

补贴绩效评价主要从政策的实施效果、效率及政策对区域与全局的影响入手。效果反映的是政策预期目标的实现情况，效率说明政策投入与产出的得失情况。本书运用关键绩效指标法，兼顾财务性和非财务性，在注重短期收益的同时关注长期效益，对页岩气开发补贴的影响路径进行分解，选出能实际操作的页岩气开发补贴政策的绩效评价指标（杨可，2018；Augusto 和 Pellegrini，2014）。

首先利用 KPI 明确基本评价方向，从财务、效率、规模、可持续性和风险五个维度对页岩气开发补贴绩效进行分解，并基于页岩气开发过程中经济、技术、环境、社会等方面因素进行细化，初步建立页岩气开发补贴绩效评价指标体系。

1. 财务维度

财务维度是指补贴对页岩气开采企业与政府各自的财务状况改善的指标。对企业而言，现行的页岩气开发产量补贴最直观的体现是能够降低企业的单位产气成本。原则上产气量越高的页岩气项目所在企业，获得补贴数额越高。成本压力的减少能够刺激企业投资的增加，产气量的进一步增加会改善企业的利润。对政府而言，向企业拨付财政补贴，虽然加大了政府财政支出压力，但也收获了页岩气项目产生的税收及页岩气开发项目所带来的社会效益。财务维度初选了 9 个三级指标，具体见表 3-1。

表 3-1 财务维度指标初选及内容解释

维度	指标	指标解释
财务	单位产气成本下降率	现行产量定额补贴对页岩气生产的单位产气成本下降作用最直观
	企业利润增长率	该指标反映的是补贴对企业的收益影响，项目利润水平过高，说明补贴力度过大，财政资金处于浪费状态；利润水平过低，又说明财政补贴未能切实发挥实效
	内部收益率增加	一方面，企业可通过政府的直补金额缓解成本压力；另一方面，企业也可将补贴资金用于先进技术设备或加强管理经验等手段实现企业内部收益更大化
	投资回收期缩短	与内部收益率相似，企业收益的增加可加快回收建设前期的高投资费用
	企业总资产增长率	补贴的引入可以刺激项目融资，企业可增加投资，集中财力去解决以往难攻克的问题
	政府投资增长率	政府为实现社会效益，会根据补贴实施是否有成效，调整投资，有效利用财政资金，提高其使用效率
	政府税收增长率	政府财政的主要来源就是税收，页岩气项目开发需要根据税法履行纳税人义务。财政补贴通过影响页岩气项目投资及开发规模，进而影响政府税收收入和财政压力
	补贴占财政收入比重	政府补贴额度过低不利于企业的投资积极性及项目效率的提升，过高又会增加政府财政负担，因此补贴占财政收入比重对于财务绩效水平非常重要
	政府对项目监管成本	政府与企业间的补贴合同，需要政府在项目建设期、运营期进行监督，项目利润水平不能过低也不能过高。监管成本过高会影响财政负担，因此补贴对政府监管成本的影响应处于适中水平，在履行监管责任的同时降低监管成本

2. 效率维度

效率维度是指项目进展的过程水平，主要包括补贴对页岩开发项目建设期及运营期效率改善的指标。财政补贴能够通过改进企业的管理水平及提升页岩气开发关键技术来影响项目建设期与运营期的经营效率和生产效率。页岩气开发补贴于页岩气井投产第一年开始发放，至不再产气为止。虽实行于项目的运营期，但补贴效用的发挥主要在项目建设期，通过将企业面临的建设期高固定成本压力进行空间与时间上的转移与分散，使企业有余力对技术、人力、设备、材料等投入要素进行资源调配，缩短项目建设期，使产气时间提前，并延长开采年限，从而最大化企业经济效益。具体初选的效率指标及解释见表 3-2。

表 3-2　效率维度指标初选及内容解释

维度	指标	指标解释
效率	生产积极性提升	现行补贴方式与产量直接相关，产量越高，企业所获补贴越多，从而刺激企业生产积极性，尽可能提升生产效率，实现页岩气高效开发
	项目建设期缩短	政府通过补贴的形式将企业面临的风险进行合理分担，统筹设计，能够避免低效的前期准备，在保证质量的前提下，缩短项目建设期，提升效率
	产气时间提前	建设期的缩短自然影响页岩气开采时间，使页岩气更早得到利用
	开采年限延长	补贴资金可用于降低开采产气阶段设备老化的速度，延长使用年限；另外，补贴资金的投入能使处于经济边界的页岩气得到继续开采
	新技术设备应用	技术与设备是保障生产力的基础，新技术与设备的应用能够降低生产成本，提高生产效率。补贴能减轻企业引入新技术与设备的经济压力
	员工专业技术水平	员工专业技术水平在一定程度上反映企业技术水平，而企业技术水平越高，生产效率就越高。显然，补贴对员工专业技术水平有显著正影响
	年开采量提升率	一方面财政补贴的引入可通过引进先进技术设备，提升员工技术水平，从而提升页岩气产量；另一方面补贴资金的投入可扩大开发范围，使更深、更偏远的资源也能够得到开发利用，从而增加开采量
	有效沟通	企业接受政府的财政补贴，并且在政府的监督下进行日常运营，所以双方的沟通尤为重要，有效的沟通能够避免低效的工作流程、避免误解，更好地提高效率
	公众满意度增长率	页岩气开发项目最终的消费者是社会公众，公众对产品价值、质量的满意度能直接反映项目的绩效。补贴通过影响页岩气产量及价格影响公众满意度，而企业及时了解公众的意见有利于提升项目效率

3. 规模维度

规模维度是指补贴对页岩气开发项目的投资规模、生产规模、企业规模及页岩气产业的发展规模影响的指标。规模的影响与页岩气开发项目本身所获经济效益直接挂钩。现行的直补政策可通过影响项目的收益，进而刺激各页岩气企业作出有利于自身经济效益最大化的决策，从而引起规模的变动。此处选取 5 个三级指标，具体见表 3-3。

表 3-3　规模维度指标初选及内容解释

维度	指标	指标解释
规模	企业数量增长率	财政补贴通过降低企业成本压力，保障企业经济收益来刺激企业扩大生产，生产规模的扩大将促使从事页岩气活动的企业数量相应地出现需求增长
	企业参与度	与企业数量增长率相似，财政补贴能够吸引一些小型企业、私人企业及外企采用融资或股权等方式参与页岩气的开发，参与热情将直接影响页岩气项目的落地
	项目数量增长率	财政补贴目的是推动页岩气项目的落地，促使页岩气产业的发展，直观体现为页岩气开发项目数量的上升。该指标反映了补贴对页岩气开发规模的影响
	市场地位	基于以上指标分析，企业利用补贴可通过提升生产效率、引入新技术设备及高级技术人员、增加页岩气项目数量来提升企业自身的形象与声誉，从而影响其市场地位
	区块开采程度	钻井及压裂的深度、井网钻采密度是页岩气开发规模的具体体现。财政补贴能够通过影响企业对页岩气开发区块的选择，加大勘探开发的深度与密度，影响区块的开采程度

4. 可持续性维度

可持续维度是指补贴对页岩开发项目、企业本身及政府的可持续发展影响的指标，页岩气本身作为清洁能源，其得到顺利的开发与利用有助于我国节能减排目标的实现。另外，页岩气开发项目的成功实施也将带来一系列的社会效益，主要从环境、地方经济两个方面考虑。比如，促进当地就业及页岩气开发活动相关的行业发展，从而提升当地经济水平。具体初选指标及解释见表 3-4。

表 3-4　可持续性维度指标初选及内容解释

维度	指标	指标解释
可持续性	人均 GDP	页岩气开发会影响当地钢材、石料、建筑等行业的发展，促进当地经济，提升人均 GDP。财政补贴的加入通过扩大页岩气开发规模，进一步影响人均 GDP
	就业率增加	页岩气行业的发展能够促进就业的增加
	水资源消耗	页岩气开发过程中需要用到大量的水资源，财政补贴对页岩气开发技术水平的提升、规模的扩大有着重要作用。水资源消耗作为页岩气开发过程中的必要环节，能在一定程度上反映补贴的绩效水平
	替代高碳能源	页岩气开发过程中碳排放相比煤矿开发对环境造成的污染要小得多，但在环保越来越受到重视的情况下，较高的环境成本使开发成本提高。而政府补贴能够在一定程度上弥补环境成本，促进页岩气开发，从而替代高碳能源的开发

5. 风险维度

风险维度包括财政补贴对页岩气开发项目全生命周期内所遇风险改善的指标。财政补贴能够对企业建设期和运营期的经济压力、环境压力、社会压力等进行有效的分担，从而降低项目整体风险。风险维度指标主要包括风险分散程度、风险发生率、总风险量减少（吕晓岚和罗淦，2021），具体见表 3-5。

表 3-5　风险维度指标初选及内容解释

维度	指标	指标解释
风险	风险发生率	指实际发生风险的次数与时间的比率（实际风险次数/365 天），反映了风险事件发生的频率。补贴对风险发生率的指标影响越大，说明补贴对于风险控制的效果越好
	风险分散程度	指通过保险等手段对分散风险的程度。财政补贴的付出能够将企业的部分风险转移
	总风险量减少	指实施补贴后项目整体风险的减少程度，反映了风险分担的合理程度。该指标越大，说明补贴绩效越高

三、评价指标体系的优选

上述所列三个指标是基于国内外补贴绩效评价的理论研究选取的，与笔者自身的视野以及文献积累有关。但是由于指标较多，且部分指标之间有一定的关联性，可能存在对页岩气开发补贴政策绩效评价针对性不强，不便于进行绩效评价。所以，需对上述指标进行合理的优化来最终确定页岩气开发补贴绩效评价体系指标。

指标体系的优化不仅要保证整体上的科学性，还要保证单个指标的合理性。整体指标优化方面，需要确定评价指标是否存在遗漏、重复、冗余，主要是检查单个指标对于全局是否必不可少，以及各个指标之间是否自相矛盾。单项指标优化则是确认指标的原始数据是否能够获取，以及相关的计算方法是否科学合理。

笔者邀请参与咨询的专家针对五个维度的指标对补贴绩效的重要程度进行专家调查打分，满分为 10 分，并根据专家自己的实践经验和判断给出补充、替换、合并、删减等意见，经过几轮意见征询后，汇总提炼，得到经建议修改后的评价指标体系变化：

（1）可持续性维度的指标主要是反映页岩气开发项目本身的效益，并不能直接与补贴政策相关联。此维度剔除。

（2）财务维度中有少数指标所表达的内容重复。如内部收益率和投资回收期，与利润增长率相重复。

（3）规模维度中的企业数量增长率与企业参与度相重复。

（4）效率维度中的产气时间提前和开采年限延长指标剔除。产气时间提前主要与资源条件和技术有关。另外，开采年限达到成本边界后进行延长没有太大意义，财政补贴资金应该得到更加高效的利用，而不是在页岩气产量衰减期进行低效率延长。

（5）风险维度中指标可减少，表达内容重复。

笔者根据回收的有效问卷结果求打分平均值，并进行指标的重要性排序，选取分值最高的 12 个指标构建页岩气开发补贴绩效评价体系，见图 3-1。

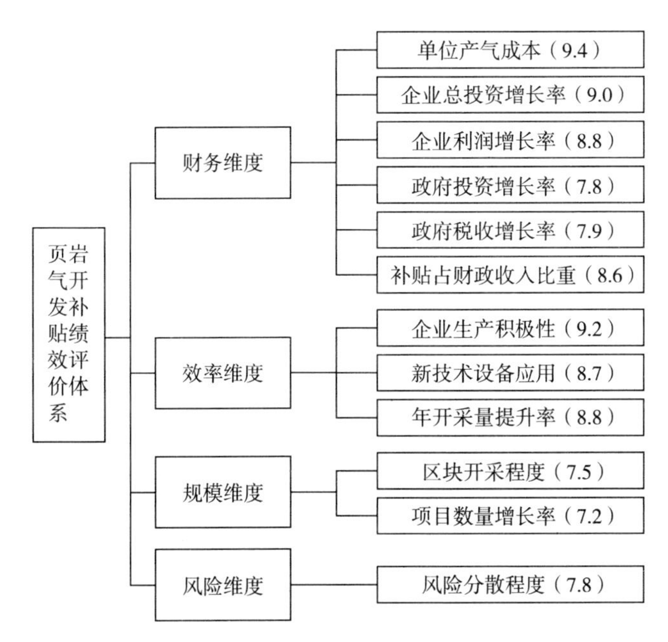

图 3-1　页岩气开发补贴绩效评价体系指标二次筛选

注：括号内为专家对重要程度的打分分值。

四、绩效评价指标的量化与标准化

四川省能源局数据显示，2021 年，我国页岩气产量达到 230 亿立方米，同比增长 14.8%。其中，四川省作为页岩气的主要开发区及其独具优势资源储量（查明资源储量占比高达 70%），近几年产量规模持续上升，2021 年达到 143.4 亿立方米，是我国页岩气的主产区之一（见表 3-6）。

表 3-6　四川省页岩气主产区特点

建产区	特点	地点	目的层	有利目标区	地质资源量
长宁	四川盆地南缘、云贵高原北缘与四川盆地接壤地区	云南省水富市，四川省叙永县、沐川县、宜宾市全域	志留系龙马溪组	埋深小于 4000 米，面积 4450 平方千米	19000×10^8 立方米
威远	四川省威远县	自贡市全域、威远等	志留系龙马溪组	埋深小于 4000 米，面积 8500 平方千米	39000×10^8 立方米
昭通	川滇交界地区	昭通	志留系龙马溪组	面积 1430 平方千米	4965×10^8 立方米

资料来源：笔者根据四川省能源局公开资料整理。

本书基于关键绩效指标法从五个维度对页岩气开发补贴绩效进行分析，总结出 30 个评价指标，并经过再次筛选，最终选取 12 个指标构建页岩气开发补贴绩效评价体系。这些指标中有部分是定性指标，不能直接进行定量分析，因此需要采用专家调研打分法对指标进行量化处理，评分依据及细则见表 3-7 和表 3-8。笔者对 12 项指标的评价标准进行了描述，并制作出重要性调查问卷，通过网上沟通请项目管理部门、财务部门、政府部门等参与方的工作人员及部分从事相关领域工作的学者，根据实际情况对各指标进行打分评价。调查问卷总共发放 50 份，回收 42 份，具体见表 3-9。调查问卷通过电子邮件发放和收回，将结果进行汇总后计算得分平均值。

表 3-7　评价标准及对应分值

评价标准	分值
评价指标与补贴极度相关	10

续表

评价标准	分值
评价指标与补贴较相关	8~9
评价指标与补贴相关性一般	4~7
评价指标与补贴不相关	0~3

表 3-8　绩效评价指标的具体评价依据

评价维度	评价指标	评价内容依据
财务维度	单位产气成本	（10 分）降低 5%
		（8~9 分）降低 3%~5%
		（4~7 分）与往期成本持平
		（0~3 分）超过原产气成本
	企业总投资增长率	（10 分）超过 5%
		（8~9 分）超过 5%~10%
		（4~7 分）与往期持平
		（0~3 分）投资为负增长
	企业利润增长率	（10 分）超过 10%
		（8~9 分）超过 5%
		（4~7 分）与往期持平
		（0~3 分）利润为负增长
	政府投资增长率	（10 分）超过 5%
		（8~9 分）超过 3%~5%
		（4~7 分）与往期持平
		（0~3 分）投资为负增长
	政府税收增长率	（10 分）降低 10%
		（8~9 分）降低 5%
		（4~7 分）与往期成本持平
		（0~3 分）税收为负增长
	补贴占财政收入比重	（10 分）超过 5%
		（8~9 分）超过 3%~5%
		（4~7 分）与往期持平
		（0~3 分）比重值为负增长

续表

评价维度	评价指标	评价内容依据
效率维度	企业生产积极性	（10分）超过5%
		（8~9分）超过3%~5%
		（4~7分）与往期成本持平
		（0~3分）积极性降低
	新技术设备应用	（10分）超过3%
		（8~9分）超过1%~3%
		（4~7分）与往期持平
		（0~3分）未使用新技术设备
	年开采量提升率	（10分）超过10%
		（8~9分）超过5%
		（4~7分）与往期成本持平
		（0~3分）提升率为负增长
规模维度	区块开采程度	（10分）超过5%
		（8~9分）超过3%~5%
		（4~7分）与往期持平
		（0~3分）开采程度不佳
	项目数量增长率	（10分）超过10%
		（8~9分）超过5%
		（4~7分）与往期成本持平
		（0~3分）数量减少
风险维度	风险分散程度	（10分）特别分散
		（8~9分）较往期分散
		（4~7分）与往期持平
		（0~3分）分散程度不佳

注：综合得分=（各项指标评分×权重）之和（满分10分）。

表3-9 调查问卷发放与回收情况 单位：份

	项目管理部门	财务部门	销售部门	政府部门	学者
发放数量	10	10	10	10	10
收回数量	7	7	10	8	10

五、绩效评价指标权重确定

在信息论中，熵是对不确定性的一种度量。信息量越大，不确定性就越小，熵也就越小（熊亚楠，2021）。熵值可判定事件的随机性、无序程度和指标的离散程度，一个指标离散程度越大，对综合评价的影响力越大，权重就越大。熵值法最大的特点是直接利用决策矩阵所给出的信息计算权重，而没有引入决策者主观判断。

1. 计算公式

（1）对于正向化处理后的指标，假设一共有 m 个维度，每个维度中有 n 个指标。计算第 j 个指标在第 i 个维度中所占的比重：

$$P_{ij} = \frac{X_{ij}}{\sum_{i=1}^{n} X_{ij}} (i = 1, 2, \cdots, m; j = 1, 2, \cdots, n) \tag{3-1}$$

（2）计算第 j 个指标的熵值：

$$e_j = -k \sum_{i=1}^{m} P_{ij} \ln P_{ij} \tag{3-2}$$

其中，$j=1, 2, \cdots, n$；常数 $k=\frac{1}{\ln}(m)$，如此能保证 $0 \leqslant e_j \leqslant 1$。当某个属性下各方案的贡献度趋于一致时，$e_j$ 趋于 1。

（3）计算熵冗余度：

$$d_j = 1 - e_j \tag{3-3}$$

（4）计算指标权重：

$$W_j = \frac{d_j}{\sum_{j=1}^{n} d_j} (j = 1, 2, \cdots, n) \tag{3-4}$$

当 $d_j=0$，第 j 属性可以剔除，权重为 0。如果决策者事先已有经验的主观估计权重，可借助 w_j 对权重因子进行修正。

$$w_j = \frac{\lambda_j w_j}{\sum_{j=1}^{n} \lambda_j w_j} \tag{3-5}$$

2. 计算过程

为了确定每个指标的权重，笔者邀请了项目管理部门、财务部门、销售部门、政府部门及相关领域的研究学者各五位进行了访问，并根据各自对于页岩气开发补贴绩效评价的学术及经验积累，填写绩效评分表。绩效评分满分为10分制，分别对二级维度的绩效打分，然后再对三级指标的绩效打分。专家评分统计结果见表3-10。

表3-10　绩效评价指标权重统计结果

<table>
<tr><th colspan="2" rowspan="2">评价指标</th><th colspan="5">专家打分值</th><th rowspan="2">平均评分</th></tr>
<tr><th>项目管理部门</th><th>财务部门</th><th>销售部门</th><th>政府</th><th>学者</th></tr>
<tr><td rowspan="4">二级维度</td><td>财务维度</td><td>10</td><td>10</td><td>9</td><td>9</td><td>9</td><td>9.4</td></tr>
<tr><td>效率维度</td><td>9</td><td>8</td><td>8</td><td>10</td><td>10</td><td>9</td></tr>
<tr><td>规模维度</td><td>4</td><td>4</td><td>6</td><td>7</td><td>8</td><td>5.8</td></tr>
<tr><td>风险维度</td><td>6</td><td>3</td><td>2</td><td>4</td><td>6</td><td>4.2</td></tr>
<tr><td rowspan="12">三级指标</td><td>单位产气成本</td><td>10</td><td>10</td><td>9.8</td><td>9.2</td><td>9.32</td><td>9.66</td></tr>
<tr><td>企业总投资增长率</td><td>9</td><td>7.68</td><td>6.5</td><td>7.5</td><td>6.85</td><td>7.51</td></tr>
<tr><td>企业利润增长率</td><td>6.5</td><td>5.6</td><td>8.8</td><td>7.5</td><td>6.12</td><td>6.90</td></tr>
<tr><td>政府投资增长率</td><td>8.11</td><td>7.45</td><td>7.8</td><td>8.8</td><td>9</td><td>8.23</td></tr>
<tr><td>政府税收增长率</td><td>6.2</td><td>7.5</td><td>6.22</td><td>7.35</td><td>9</td><td>7.25</td></tr>
<tr><td>补贴占财政收入比重</td><td>9</td><td>8.8</td><td>7.8</td><td>9.5</td><td>8.5</td><td>8.72</td></tr>
<tr><td>企业生产积极性</td><td>8.8</td><td>7.3</td><td>8</td><td>8.3</td><td>9</td><td>8.28</td></tr>
<tr><td>新技术设备应用</td><td>6</td><td>8.5</td><td>5</td><td>6</td><td>8.32</td><td>6.76</td></tr>
<tr><td>页岩气年开采量提升率</td><td>4</td><td>7</td><td>7.3</td><td>8</td><td>9</td><td>7.06</td></tr>
<tr><td>区块开采程度</td><td>6</td><td>5</td><td>7.22</td><td>8.5</td><td>7.9</td><td>6.92</td></tr>
<tr><td>项目数量增长率</td><td>5.1</td><td>6.88</td><td>6.4</td><td>7.85</td><td>8.11</td><td>6.87</td></tr>
<tr><td>风险分散程度</td><td>3</td><td>5.2</td><td>5.11</td><td>4</td><td>7</td><td>4.86</td></tr>
<tr><td colspan="2">合计</td><td>81.71</td><td>86.91</td><td>85.95</td><td>92.5</td><td>98.12</td><td>89.04</td></tr>
</table>

具体计算步骤为：

（1）由表3-10得到四个维度的评价矩阵 A，矩阵中 X_{ij} 代表第 i 个专家对 j 指标的评分。

$$A=\begin{bmatrix}10 & 9 & 4 & 6\\10 & 8 & 4 & 3\\9 & 8 & 6 & 2\\9 & 10 & 7 & 4\\8 & 10 & 8 & 6\end{bmatrix}$$

使用式（3-1）得到：

$$P=\begin{bmatrix}0.2128 & 0.2 & 0.1379 & 0.2857\\ 0.2128 & 0.1778 & 0.1379 & 0.1429\\ 0.1915 & 0.1778 & 0.2069 & 0.0952\\ 0.1915 & 0.2222 & 0.2414 & 0.1905\\ 0.1915 & 0.2222 & 0.2759 & 0.2857\end{bmatrix}$$

根据式（3-2）得到熵值矩阵 $e=(1.1599, 1.1574, 1.1331, 1.1063)$。

根据式（3-3）得到熵冗余度 $d=(-0.1599, -0.1574, -0.1331, -0.1063)$。

根据式（3-4）得到四个维度的权重向量 $w=(0.29, 0.28, 0.24, 0.19)$。

（2）使用同样方法计算各个维度中各项指标的权重。

3. 计算结果

（1）财务维度：

$$A=\begin{bmatrix}10 & 10 & 9.8 & 9.2 & 9.3\\ 9 & 7.7 & 6.5 & 7.5 & 6.9\\ 6.5 & 5.6 & 8.8 & 7.5 & 6.1\\ 8.1 & 7.5 & 7.8 & 8.8 & 9.0\\ 6.2 & 7.5 & 6.2 & 7.4 & 9.0\\ 9 & 8.8 & 7.8 & 9.5 & 8.5\end{bmatrix}$$

$$P=\begin{bmatrix}0.2070 & 0.2398 & 0.1883 & 0.1907 & 0.1709 & 0.2064\\ 0.2070 & 0.2046 & 0.1622 & 0.1810 & 0.2068 & 0.2018\\ 0.2028 & 0.1732 & 0.2549 & 0.1895 & 0.1715 & 0.1789\\ 0.1904 & 0.1998 & 0.2173 & 0.2138 & 0.2026 & 0.2179\\ 0.1929 & 0.1825 & 0.1773 & 0.2187 & 0.2481 & 0.1950\end{bmatrix}$$

熵值矩阵 $e=(1.160516, 1.156315, 1.151468, 1.159128, 1.153847, 1.159445)$。

熵冗余度 $d=(-0.16052, -0.15631, -0.15147, -0.15913, -0.15385, -0.15944)$。

权重向量 $w=(0.0883, 0.0860, 0.0833, 0.0875, 0.0846, 0.0877)$。

（2）效率维度：

$$A=\begin{bmatrix} 8.8 & 6 & 4 \\ 7.3 & 8.5 & 7 \\ 8 & 5 & 7.3 \\ 8.3 & 6 & 8 \\ 9 & 8.32 & 9 \end{bmatrix}$$

$$P=\begin{bmatrix} 0.2126 & 0.1774 & 0.1133 \\ 0.1763 & 0.2513 & 0.1983 \\ 0.1932 & 0.1478 & 0.2068 \\ 0.2005 & 0.1774 & 0.2266 \\ 0.2174 & 0.2460 & 0.2550 \end{bmatrix}$$

熵值矩阵 $e=(1.159018, 1.145707, 1.138554)$。

熵冗余度 $d=(-0.15902, -0.14571, -0.13855)$。

权重向量 $w=(0.0875, 0.0802, 0.0762)$。

（3）规模维度：

$$A=\begin{bmatrix} 6 & 5.1 \\ 5 & 6.88 \\ 7.22 & 6.4 \\ 8.5 & 7.85 \\ 7.9 & 8.11 \end{bmatrix}$$

$$P=\begin{bmatrix} 0.1733 & 0.1485 \\ 0.1444 & 0.2003 \\ 0.2085 & 0.1864 \\ 0.2455 & 0.2286 \\ 0.2285 & 0.2362 \end{bmatrix}$$

熵值矩阵 $e=(1.14846, 1.1517)$。

熵冗余度 $d=(-0.1484, -0.1517)$。

权重向量 $w=(0.0817, 0.0835)$。

（4）风险维度：

$$A=\begin{bmatrix}6\\5\\7.22\\8.5\\7.9\end{bmatrix}$$

$$P=\begin{bmatrix}0.1234\\0.2139\\0.2102\\0.1645\\0.2879\end{bmatrix}$$

熵值矩阵 $e=1.13349$。

熵冗余度 $d=-0.13349$。

权重 $w=0.0734$。

最终得到权重计算结果统计见表 3-11。

表 3-11　熵值法确定评价指标权重

维度	维度权重	指标	指标权重
财务维度	0.29	单位产气成本	0.0883
		企业总投资增长率	0.0860
		企业利润增长率	0.0833
		政府投资增长率	0.0875
		政府税收增长率	0.0846
		补贴占财政收入的比重	0.0877
效率维度	0.28	企业生产积极性	0.0875
		新技术设备应用	0.0802
		年开采量提升率	0.0762
规模维度	0.24	区块开采程度	0.0817
		项目数量增长率	0.0835
风险维度	0.19	风险分散程度	0.0734

第二节　页岩气开发补贴政策绩效评价案例分析

一、项目概况

1. 涪陵区块

涪陵区块是我国首个成功开采具有工业性气流的页岩气区块，也是国家发展改革委 2012 年确定的国家页岩气示范区（王玉满等，2016）。研究区构造上位于川东高陡褶皱带焦石坝背斜带构造高部位。中石化重庆涪陵页岩气勘探开发有限公司自涪陵页岩气田开发以来，始终坚持高效益高质量推进页岩气示范区建设，至今已初步创造了一系列令人瞩目的成果和业绩。本书以中石化重庆涪陵页岩气勘探开发有限公司在涪陵区块建设的某页岩气井平台为例进行评价。

2. 威远区块

研究区位于川中古隆起平缓带西南部的低陡褶皱带，主要包括威远背斜构造东翼斜坡区（苏奎等，2009；李双建等，2008；张宝民等，2007）。地理位置位于四川省威远县、荣县、自贡市、资中县境内，东至内江—大足页岩气合作区，西至新桥—度佳，南至古文—沿滩，北至鱼溪—太平。本书以中国石油化工集团有限公司在威远建设的钻穿下志留统龙马溪组页岩段的某页岩气井平台为评价对象。

二、指标量化及标准化

本书采用专家调研法，首先介绍研究区块钻井平台相关详细情况，其次通过网上沟通邀请相关管理部门、财务部门、政府部门等的工作人员及学者，对各指标进行打分。评价指标与补贴极度相关，10 分；评价指标与补贴较相关，8~9 分；评价指标与补贴相关性一般，4~7 分；评价指标与补贴不相关，0~3 分。将问卷回收并统计，计算出各项指标的平均值。量化结果见表 3-12。

表 3-12　指标量化得分与权重值

评价维度	评价指标	指标权重	涪陵评价指标量化平均分	威远评价指标量化平均分
财务维度	单位产气成本	0.0883	8.8	6.5
	企业总投资增长率	0.0860	7.5	7.2
	企业利润增长率	0.0833	7.3	6.5
	政府投资增长率	0.0875	7.8	6.2
	政府税收增长率	0.0846	7.5	7.2
	补贴占财政收入的比重	0.0877	6.9	7.5
	财务维度得分		3.95	3.54
效率维度	企业生产积极性	0.0875	7.0	6.5
	新技术设备应用	0.0802	6.8	6.5
	年开采量提升率	0.0762	7.5	6.8
	效率维度得分		1.73	1.61
规模维度	区块开采程度	0.0817	8.0	7.0
	项目数量增长率	0.0835	8.4	7.8
	规模维度得分		1.36	1.22
风险维度	风险分散程度	0.0734	6.9	7.5
	风险维度得分		0.51	0.55
综合评分			7.54	6.92

三、权重的确定

本书采用第一节对权重采用的熵值法进行计算，得到各指标的权重。

四、计算综合绩效并分析

每项指标平均值乘以对应的权重值，相加得到最终绩效评价结果，汇总计算结果见表 3-12。

通过对重庆涪陵某钻井平台的页岩气补贴进行绩效评价，最终得出综合绩效值为 7.54 分，说明该区块页岩气补贴绩效处于良好水平，这主要是因为涪陵区块地质条件良好，资源储量丰富，开发难度适中，页岩气开发项目本身容易盈利。补贴政策对该区块的页岩气企业刺激性并不高，这与部分学者的研究结论一致（田甜铭梓和贾镇豪，2021；张抗，2019）。各项维度中，财务维度得分占总得分的52.4%，效率维度得分占总得分的22.9%，规模维度得分占总得分的18.0%，风险维度得分占总得分的6.7%。财务维度对该区块页岩气开发补贴绩效的贡献最大，说明补贴主要作用于经济指标。效率和规模维度得分一般，政府应该转移部分补贴资金用于技术改进，引进先进设备等，提高页岩气开发效率及规模。风险维度得分较低，需进一步加强管理。

威远区块补贴绩效评价综合得分为6.92，相较于涪陵区块，补贴绩效处于一般水平。各项维度得分占比情况与涪陵相似，财务维度占比最大，其次是效率、规模和风险维度。但从各维度得分看，财务维度有小幅降低，主要体现在单位产气成本指标上。涪陵区块因页岩气产量理想，企业本身能轻松盈利。相比较下，威远区块产量虽有增长，但前期的大量投资需要较长时间才能回收，在相同产量补贴下，产气成本降低效果不明显。效率维度上，两个区块均表现为通过补贴能提升效率水平。另外，风险维度上，补贴对威远区块页岩气开发风险分散作用高于涪陵区块，这主要是因为涪陵区块的资源禀赋及开采条件较好，页岩气开发风险本身相对较低，补贴对风险分散的作用也就不明显。

五、区域间补贴绩效差异性分析

基于统计年鉴和政府工作报告，宏观分析发现区域性差异主要源于：

（1）资源条件角度。目前，已有大量勘探开发实践与研究表明，五峰组—龙马溪组页岩气富集层段厚度、含气量等在区域上具有较大差异。如涪陵地区页岩气富集层段含气量平均约为4.74立方米/吨，威远和昭通地区相对偏低，平均值分别为2.3立方米/吨和2.03立方米/吨[①]。具体参数特征见表3-13。这些页岩特征决定了区块页岩气产能，继而决定各区块上企业对补贴政策的需求程度和补贴所带来的绩效影响。

① 焦方正．非常规油气之“非常规”再认识［J］．石油勘探与开发，2019，46（5）：803-810.

表 3-13　川滇黔页岩主要特征对比

区块	埋深（米）	优质页岩厚度（米）	有机碳含量（%）	镜质体反射率（%）	含气量（立方米/t）	压力系数
焦石坝龙马溪	2000	38~44	2.0~6.0	2.59	4.74	1.55
威远龙马溪组	2800	40~50	2.2~3.3	1.95	2.3	1.96
昭通龙马溪组	2500	30~40	2.1~6.7	2.73	2.03	1.6~2.0

资料来源：笔者根据文献邹才能等（2015）、马新华和谢军（2018）、翟刚毅等（2017）、何治亮等（2016）整理。

（2）社会角度。从经济发展的基础来看，各地区的资本总和具有明显差异，涪陵区有更多经验的专业技术和管理人员，人力资本丰富。由政策制定内容来看，补贴政策倾向资本密集和技术密集方向（周浩和李红，2014）。总体上威远区块页岩气开发规模、生产方式因受到资源禀赋、地形、水资源等条件限制，盈利能力相对较弱。另外，威远县人均收入明显低于重庆市，因而页岩气开发相关设备技术的需求也较低，在需求下带动的技术进步也减弱，尤其是资本密集型和技术密集型的垂向钻井设备、水平向钻井设备和压裂设备。

综上，因为区域性的页岩气资源条件、生产方式和能源产业结构等社会差异，补贴政策存在显著的差异。

第三节　本章小结

本章首先分析了页岩气开发补贴绩效评价体系指标选择的原则，将关键绩效指标与页岩气开发特点相结合，通过专家打分对指标进行增加和剔除，确定了四个维度 12 个评价指标的页岩气开发补贴绩效评价体系。其次在评价过程中，运用熵值法计算各指标的客观权重。最后通过威远区块与涪陵区块的某钻井平台工程进行页岩气开发补贴绩效评价分析。

本章借助专家实践与经验，使用打分法对页岩气开发补贴绩效进行了宏观的评价。但受制于打分法的主观因素太强且视角较为单一的局限，不能全面地评估页岩气开发补贴的绩效。为深入评价补贴政策效果，接下来，笔者基于数据库及文献相关资料定量研究页岩气开发补贴绩效，分别从政府与企业两个参与方视角分析页岩气补贴对绩效的影响机理。

第四章

基于双方参与主体的页岩气开发补贴绩效评价

页岩气开发补贴政策目标取向是刺激企业投资积极性和促进页岩气增产。那么经历将近十年不断更新的页岩气开发补贴政策是否实现了预期政策目标？据文献调研可知，有研究采用系统动力学对补贴情境下页岩气产业发展情况进行模拟，也有研究从影响页岩气开发经济效益影响因素角度分析，指出财政补贴的重要性。但页岩气开发补贴政策效果的评估及实证分析尚鲜有研究涉及。

毋庸置疑，分析页岩气开发补贴政策效果对实现各地页岩气资源的均衡开发及提升我国页岩气国产气量具有十分重要的理论及现实意义。但尤其重要的是，需要从页岩气开发补贴各参与方的绩效影响机理方面来深度挖掘补贴发挥的作用，从而揭示补贴政策的实施效果及指导补贴政策合理制定的真正目的。

第一节　页岩气开发补贴参与主体

随着页岩气这类自然资源的商业化，具有了商品的性质，并且从勘探、开采到最终提供给终端用户，需要经过诸多环节，而每个环节又会涉及不同的企业群体，于是就自然形成了一条完整的页岩气产业链。这条产业链大致可以分为上、中、下三个层级，其中上游企业主要是由钻采设备及配件的制造商和油气钻采服务的提供商，以及页岩气的开采商构成，中游企业主要是由页岩气的储存和运输商构成，下游企业主要是由天然气的分销商构成。

页岩气开发补贴所涉及的参与方分布在整个产业链的各个部门。主要有项目公司、政府、金融机构（保险公司、银行）、专业设备供应商和输气管道公司等，见图 4-1（仇鑫华等，2016）。研究补贴对各参与方的绩效影响是评价补贴政策实施效果的关键。

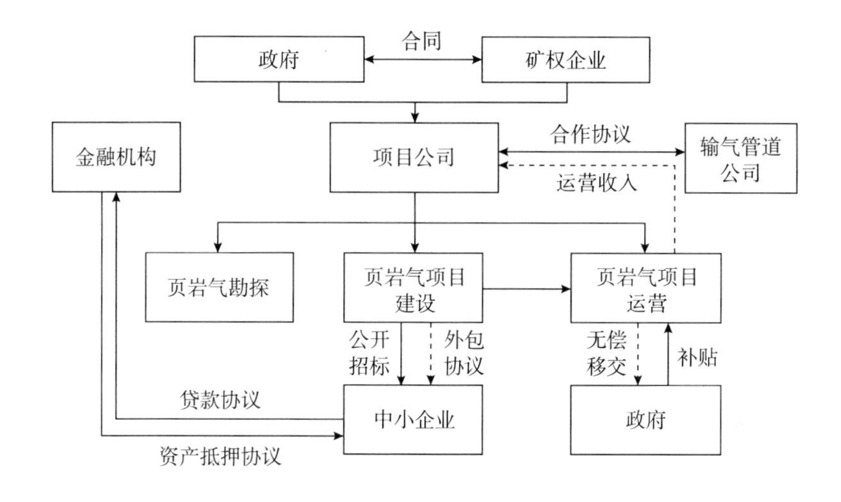

图 4-1　页岩气开发项目各参与方

项目公司是具有独立法人资格，并依法设立的自负盈亏经营实体。对于页岩气开发这种规模大、难度风险高的项目，一般有专门成立的项目公司。项目公司与多个参与方都有合同关系，如钻井公司、压裂公司、测井与录井公司、专业设备提供商等从事页岩气生产的企业，目前主要有以中石油、中石化、中海油为首的油气央企，另外随着华电集团的探矿权中标后，电力企业逐渐走进视野。此外，民营企业的参与对于开展部门偏远区块的资源及处于开采边际的资源有更好的灵活性。本书在页岩气开发补贴研究中不对各类型企业、中小型公司做详细区分，统称为从事页岩气生产的企业。

政府层面包括中央政府和地方政府。中央政府作为政策制定者，为了推动页岩气产业的发展，根据社会效益制定补贴政策以刺激投资方对页岩气投资。而作为资源所在地的地方政府，一般不直接参与页岩气开发，往往是通过成立项目公司来替代其行使项目开发职能。主要负责项目的评估、招标等各个环节，以及对合同相关参与方进行监督并承担相应的风险。就页岩气开发来说，中央政府与地方政府的政策目标是一致的。本书在页岩气开发补贴研究中不对中央政府与地方政府进行区分，统一称为“政府”。

本书探讨的页岩气补贴主要涉及开发阶段，页岩气开发具有明显的经济特征和社会特征，其效益开发既是相关企业的追求目标，也是页岩气产业持续健康发展的前提条件，主导着页岩气的勘探开发实践。清楚地认识并把握页岩气效益开发的内涵是制定政策措施的落脚点和基础，关系到投资主体的决策，关系到政府和民众对页岩气开发的态度。从企业角度来看，页岩气开发活动更多的是一种经济活动，效益取决于收入和成本的比较，通常产量决定了页岩气效益开发的关键，但是企业忽略了页岩气开发活动的外部性。从国家层面来看，页岩气开发具有改善能源结构、优化消费结构、保障能源安全的作用，有利于国家绿色低碳发展。从地区来看，页岩气开发对资源当地的产业发展、就业机会、经济社会发展具有促进作用。因此，效益开发所涉及的多个利益主体即是开发补贴所涉及的多主体，它是一个利益关系的集合。

因此，本书认为页岩气补贴行为是政府与企业相互博弈的过程。政府和企业应从保障国家能源安全的高度出发，同心协力，各司其职。政府在保障社会效益的同时，应对页岩气开发项目所需基础配置建设、法规、价格机制等方面给予一定的政策倾斜，从而降低页岩气开发前期的效益风险。而企业则应在保障内部收益的基础上，重视技术研发，管理规范等。民众则应该在支持页岩气开发补贴的同时，积极发挥公共监督作用和宣传作用。

第二节　页岩气开发补贴绩效评价框架

学界主要从企业经营行为、投资行为和企业的整体绩效三个方面衡量政府扶持对企业绩效的影响。一般来说，政府的政策扶持可以影响企业的经营绩效，页岩气相关企业同样也不例外。针对页岩气行业，财税政策生效路径与企业绩效的关系主要有三种方式：直接现金流入、信号传递、对象非普适性。

无论是对页岩气开发企业的扶持还是对页岩气相关设备的研发企业来说，财政补贴都相当于新的现金流，能直接影响企业的营收水平。除了直接的经济收入，还能向市场传递重要的投资信号，或传达政府的态度。补贴或者优惠的政策颁布表明政府支持该行业或者某些企业发展的态度，这对嗅觉灵敏的资本来说会起到导向作用，有助于企业在较短时间获得成本较低的融资，最后影响企业的经营绩效。最后一种非普适性只针对市场中的某些企业进行，即对象的特殊性，这个政策在页岩气相关技术研发的企业身上很明显。总之，无论是哪种路径，都直接或间接地影响了企业的盈利空间，促进了企业经营绩效的提升。

页岩气开发补贴基本逻辑是政府通过补贴刺激页岩气企业投资生产，进而实现政策目标。因此，本书从政府与企业两个视角对页岩气开发补贴的绩效影响进行深入研究。

绩效评价框架：首先对页岩气开发补贴绩效进行宏观层面的综合评价，然后基于政府与企业两个参与方角度进行补贴绩效的影响机理分析，定量研究补贴实施效果。页岩气开发补贴绩效综合评价在第三章已阐明，后续首先对政府视角的页岩气开发补贴绩效进行评价，其次基于企业视角进行补贴绩效评价。目标变量、实证方法、指标选取有具体论述。

第三节　基于政府视角的页岩气开发补贴绩效评价

一、补贴对政府绩效影响机理分析

从政府角度来看，作为政策的制定者和执行者，对于一项政策的评价应该看其是否实现了政策目标。国家之所以对页岩气开发进行补贴，是由页岩气本身的能源战略性决定的。我国除了煤炭自给自足以外，石油、天然气高度依赖进口。《中国油气产业发展分析与展望报告蓝皮书（2018—2019）》显示，2018 年，我国天然气消费继续保持强劲增长。我国继

2017 年成为世界最大原油进口国之后，2018 年又赶超日本成为世界最大的天然气进口国。中国石油化工集团有限公司原董事长傅成玉认为，一旦石油天然气断供，我国将陷入巨大的能源危机。政府可以通过补贴降低高开发成本对页岩气企业盈利能力的消极作用、刺激投资开发，进而对页岩气产业进行保护和支持，最终提高页岩气产量，实现保障国家能源需求的重要战略目标。本章针对页岩气产量增产这一终极目标，选择计量模型来分析页岩气开发补贴对页岩气增产效应的影响。

页岩气开发补贴是与页岩气产量挂钩的。对企业而言，当政府进行页岩气产量补贴政策干预时，有利于激励企业扩大页岩气开发投资总额及开发范围。投资开发规模的扩大势必会引起生产流动资金和生产固定资产投资的增加（霍增辉等，2015）。换句话说，补贴提高了企业的抗风险能力，企业愿意引入先进管理经验、开发技术、设备与高级技术管理人员，也愿意对开发风险高的地区进行投资，这些行为都可以提升生产效率，而页岩气生产效率的提升是页岩气增产的重要来源，因此补贴能够增加页岩气井均产出及页岩气总产量。再者，由于产量补贴的存在，企业更倾向于易开发高产的区块，而因产量获得利润的同时，又能进一步获得补贴，继而降低页岩气生产的边际成本，增加页岩气生产的边际收益，如此良性循环，有助于增强企业的投资积极性，进一步有助于提高页岩气生产效率，从而增加页岩气产量。

二、补贴政策增产路径分析

页岩储层中的气体主要以游离态、吸附态的形式存在。页岩气的产量由储层中的气体释放程度所决定。已有相当多的学者对页岩气产量的影响因素做了相关研究与总结。笔者基于前人研究认为，影响页岩气产量的因素首先是储层是否具有开发价值的决定性因素——地质条件。与常规油气成藏条件相类似的是页岩气体聚集条件好坏要考虑有机质丰度、热演化程度、有效层厚度、埋深、盖层条件等；与常规油气成藏不同的是，页岩具有纳米尺度的孔隙，平均储层孔喉直径 5~100 纳米，属于低孔—超低渗储层（何吉祥等，2016）。其次，为实现经济开发必须进行水平钻井及水力压裂增产作业，通过对储层人工造缝，以最大限度地增大接触面积，从而尽可能多地释放储层中的气体，获得产量。因此，工程因素，如页岩本身的压裂能力（脆性矿物含量、泊松比、杨氏模量）、所需压裂技术水平（水平段长、压裂级数及适当的压裂液）则是页岩气井最终获得工业气流的必备条件（邹才能等，2011）。

综上，页岩气产量的影响因素错综复杂，包含地质因素、工程因素、社会因素。我国页岩气开发自补贴政策实施以来，产量明显上升。这与补贴政策是否有关，如若有关，又是如何起作用的？本章以微观经济学相关理论为依据，分析补贴对页岩气产量的影响。

页岩气补贴政策作为国家宏观调控页岩气生产的工具，是为鼓励页岩气投资生产给予企业的财政直接转移支付。政府将补贴款直接发放到企业手里，不经过市场传递，节省中间环节，保障企业利益。企业拿到补贴款可自由支配，既能用于扩大开发规模、开采程度等加强页岩气生产的措施，也可用于以技术创新、人才引进等方式提升技术水平。

从经济学角度分析，假设页岩气企业作为理性经济人，补贴刺激其投资开发积极性，所获补贴额全部用于页岩气生产；劳动人数不变，即劳动投入不变；已勘探具有前景的页岩气区块尚未充分开发。因此，页岩气生产的函数可表示为：$Q=f(X_1, X_2)$，其中 X_1 和 X_2 分别表示影响页岩气地面工程投入和钻完井工程的投入（见图 4-2）。

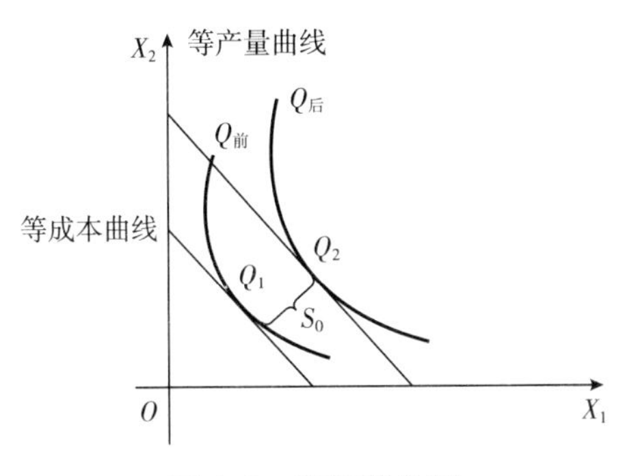

图 4-2　经济学分析

从图 4-2 中可以看出，补贴前等成本曲线与等产量曲线相交，最优产量为 Q_1。由于补贴不影响投入要素价格，即等成本曲线的斜率不变。补贴的实施有利于增加页岩气生产的要素投入。假设补贴额为 S_0，等成本曲线则向

右上平移 S_0，与代表更高产量的等产量曲线相交于一点，最优产量变为 Q_2。

从理论上讲，补贴增加了企业的收入，一方面页岩气企业更有能力承担额外的页岩气井开发成本，可通过加大开采深度、密度来扩大页岩气开发规模，提高产量，另一方面企业可以通过技术创新、引进人才等提升技术水平，从而获得更高产量。

三、补贴对页岩气增产的实证分析

从文献回顾中可以发现，有少数学者从定性角度分析补贴对页岩气产量的影响。其中，李鹏冲（2017）采用系统动力学方法模拟四种补贴水平情境下页岩气实际产能的变化趋势。认为政府补贴水平越高，页岩气年新增产量越显著。本部分以微观数据为基础，从定量的角度研究补贴对页岩气产量的影响。

政府补贴与页岩气产量间的关系错综复杂，无法用简单的线性模型来表示。基于其他诸多领域研究（石文香，2019；耿宇宁和刘婧，2019；吴连翠和谭俊美，2013）的启发，本部分使用静态面板门槛回归模型，系统考察页岩气开发补贴对页岩气年产量的非线性结果影响，以期为更深入认识两者之间的关系提供一个有解释力的视角。我国页岩气开发从量补贴政策于 2012 年正式发布，后续经历了数次补贴系数的调整。本部分选择 2013 年作为实证分析的起始年份，研究区间设定为 2013~2019 年，研究对象包括涪陵、威远、昭通三大页岩气示范区，用于分析的数据资料来源于国家能源局、国家统计局，其余个别年份个别区块缺失数据通过查找新华社、人民网、中国经济网、中国石油新闻中心、中石油西南石油局等进行补齐。

1. 指标选取

（1）被解释变量——区块页岩气产量。目前，我国有三个页岩气目标区块生产能力能够取得商业规模，包括中石化重庆涪陵目标区块，中石油四川长宁—威远目标区块及云南昭通目标区块。页岩气产量根据 2013~2019 年三大区块页岩气产量的自然对数进行统计。涪陵区块作为国家首个实现工业气流的页岩气示范区，开发时间最早，试采井、开采井较多，产量数据收集相对容易。除涪陵区块以外，其他区块勘探开发时间较晚，有些年份的数据有缺失，笔者通过所得资料大致估算，因此数值可能存在一定偏差，但本部分旨在研究变化趋势，一定误差范围内的偏差可忽略不计。

（2）核心解释变量——政府补贴力度。2012 年，财政部发布的《关于出台页岩气开发利用补贴政策的通知》规定，2012~2015 年，每开采 1 立方米页岩气，补贴 0.4 元[①]。因实证分析中财政补贴变量需滞后一期，所以实际研究样本从 2013 年开始。2015 年，补贴标准由原来的 0.4 元/立方米降至 0.3 元/立方米，2016~2018 年为 0.3 元/立方米，2019~2020 年为 0.2 元/立方米[②]。本书暂不考虑 2019 年 6 月《关于〈可再生能源发展专项资金管理暂行办法〉的补充通知》中的“多增多补”补贴方式，变量定义见表 4-1。

表 4-1 变量定义

变量类型	具体变量名称	指标解释	单位
被解释变量	页岩气累计产气量	区块内页岩气年产气量	立方米
核心解释变量	政府补贴力度	政府补贴总额采用各个区块的年产气量为计算当量，乘以不同年份的补贴系数	万元
其他解释变量	有机质丰度	页岩中所含有机碳量	%
	有机质成熟度	用镜质体反射率（Ro）确定干酪根的热成熟度	%
	孔隙度	页岩的孔隙特征，用以储存游离态气体	%
	页岩有效厚度	具有产气能力部分的页岩储层厚度	米
	含气量	页岩气藏中吸附气及游离气含量，是储层资源量评价的关键参数	立方米/吨
	脆性矿物含量	石英等脆性矿物含量的百分比，反映储层力学性质	%
	目的层埋深	储层的埋藏深度	米
	水平段长	水平钻井中实施压裂段的长度	米
	地层压力系数	实测地层压力与同一深度静液柱压力之比	
	盖层厚度	覆盖在页岩气上方的区域性非渗透岩层厚度，反映保存条件的优劣	米
	地形坡度	页岩气井所在地面的坡度	°

① 2012 年 11 月 5 日，《关于出台页岩气开发利用补贴政策的通知》（财建〔2012〕847 号），补贴标准：中央财政对页岩气开采企业给予补贴，2012~2015 年的补贴标准为 0.4 元/立方米，补贴标准将根据页岩气产业发展情况予以调整。地方财政可根据当地页岩气开发利用情况对页岩气开发利用给予适当补贴，具体标准和补贴办法由地方根据当地实际情况研究确定。

② 2015 年 4 月 30 日，《关于页岩气开发利用财政补贴政策的通知》（财建〔2015〕112 号），补贴标准：2016~2020 年，中央财政对页岩气开采企业给予补贴，其中，2016~2018 年的补贴标准为 0.3 元/立方米，2019~2020 年补贴标准为 0.2 元/立方米。财政部、国家能源局将根据产业发展、技术进步、成本变化等因素适时调整补贴政策。

由于我国页岩气井具体补贴数据尚无资料公开，区块补贴情况难以统计。笔者假设自2013年以来，页岩气开发补贴均按照政策规定实施到位，页岩气开发补贴总额采用区块年产气量为计算当量，乘以当年补贴系数得到。具体见表4-2。

表4-2　各区块补贴情况取值

区块	年份	年均产量（万亿立方米）	补贴额度（万元）
涪陵（中石化重庆涪陵页岩气勘探开发有限公司）	2013	1.42	5680
	2014	10.81	43240
	2015	26.65	106600
	2016	50.05	150150
	2017	60.04	180120
	2018	60.2	180600
	2019	63.33	126660
威远（中国石油西南油气田公司）	2013	0.51	2040
	2014	1.01	4040
	2015	11.5	46000
	2016	23.04	69120
	2017	24.73	74190
	2018	31.8	95400
	2019	67.17	134340
昭通（中国石油浙江油田公司）	2013	—	—
	2014	0.45	1800
	2015	1	4000
	2016	1.96	5880
	2017	5.87	17610
	2018	10.39	31170
	2019	13.13	26260

资料来源：笔者根据企业官网公开资料整理。

（3）其他解释变量。据页岩气产量影响因素相关文献总结可知，页岩气产量影响因素繁多，且因素之间也互为相关。基于笔者先前的研究成果（黄聿铭和郑文龙，2018），本部分仅选取代表性影响因素作为页岩气产量的其他解释变量进行研究分析，包括有机质丰度、有机质成熟度、孔隙度、页岩有效厚度、含气量、脆性矿物含量、目的层埋深、水平段长、地层压力系数、盖层厚度、地形坡度。各解释变量取值见表 4-3、表 4-4、表 4-5。

表 4-3　涪陵区块其他解释变量描述性统计

变量名称	单位	最大值	最小值	均值	标准差
有机质丰度	%	6.58	0.5	2.54	4.74
有机质成熟度	%	4.12	1.25	2.59	2.13
孔隙度	%	7.1	2.5	4.52	4.54
页岩有效厚度	米	120	19.6	68	89
含气量	立方米/吨	5.3	1.55	4.74	4.26
脆性矿物含量	%	73.05	45	56.65	42.23
目的层埋深	米	2595	2313	2000	1042
水平段长	米	3100	1500	1800	2104
地层压力系数	—	1.59	1.48	1.55	1.03
盖层厚度	米	190	160	175	120
地形坡度	°	20	8	15	11

资料来源：笔者根据文献陆亚秋等（2021）、欧阳剑桥（2020）整理。

表 4-4　威远区块其他变量描述性统计

变量名称	单位	最大值	最小值	均值	标准差
有机质丰度	%	6.5	2.5	3	3.45
有机质成熟度	%	2.15	1.04	1.95	1.27
孔隙度	%	8.7	5.2	5.9	6.31
页岩有效厚度	米	50	25	46	32
含气量	立方米/吨	8.6	1.55	2.3	5.64
脆性矿物含量	%	83	50	73	32
目的层埋深	米	3700	1500	2800	2403

续表

变量名称	单位	最大值	最小值	均值	标准差
水平段长	米	2820	1200	1656	2031
地层压力系数	—	2.2	1.2	1.96	1.02
盖层厚度	米	110	80	90	78
地形坡度	°	25	8	15	16

资料来源：笔者根据文献聂海宽等（2019）、何骁等（2021）、耿晓燕等（2020）整理。

表 4-5　昭通区块其他变量描述性统计

变量名称	单位	最大值	最小值	均值	标准差
有机质丰度	%	4.2	0.7	1.59	2.50
有机质成熟度	%	5.28	0.68	2.73	3.83
孔隙度	%	6.01	2.72	4.98	5.92
页岩厚度	米	50	25	37.8	46
含气量	立方米/吨	7.18	1.31	2.03	5.32
脆性矿物含量	%	75	51	64.4	35
目的层埋深	米	3500	500	2500	2842
水平段长	米	2810	942	1200	1854
地层压力系数	—	2.68	0.9	1.8	1.20
盖层厚度	米	140	120	110	83
地形坡度	°	22	10	18	18

资料来源：笔者根据文献梁兴等（2020）、蒋一欣等（2021）、张伟等（2021）整理。

2. 模型构建

为实证三大区块页岩气开发补贴如何影响页岩气产量，本书构建回归模型如下：

$$\ln Q_{it} = \alpha + \beta \ln s_{it} + \sum_{j=1}^{n} \delta_j X_{it} + \mu_i + \varepsilon_{it} \tag{4-1}$$

式（4-1）是页岩气开发补贴与页岩气产量之间存在着的线性关系假设。式中，i 表示区块，t 表示年份；被解释变量 $\ln Q_{it}$ 表示 i 区块第 t 年页岩气产量的对数；$\ln s_{it}$ 表示 i 区块第 t 年页岩气开发补贴总额的对数；X_{it} 表示一系列影响页岩气产量的其他因素，包括有机质丰度、有机质成熟度、孔隙度、页岩有效厚度、含气量、脆性矿物含量、目的层埋深、水平段长、地层压力系数、盖层厚度、地形坡度；μ_i 表示不可观测的区块固定效应；ε_{it} 为误差项。

前面已提及，补贴与产量间关系是个复杂的过程。资源禀赋及开采条件较好的区块，页岩气产出量自然随之呈现中上水平；资源禀赋条件不好或开采技术难度高的区块因生产成本大幅上涨，只有在适当补贴水平下才能有显著的增产效应。初步判断，补贴对页岩气增产效应的作用机制和效果发挥可能需要跨越一定的“门槛”。为此，笔者借鉴 Hansen 面板门槛模型的思路，构建如下形式的多重面板门槛模型对补贴与页岩气产量之间的非线性关系进行检验：

$$\ln Q_{it} = \alpha + \beta_1 \ln S_{it} I(z_{it} \leqslant \gamma_1) + \beta_2 \ln S_{it} I(\gamma_1 < z_{it} \leqslant \gamma_2) + \cdots + \beta_{n-1} \ln S_{it} I(\gamma_{n-1} < z_{it} \leqslant \gamma_n) + \beta_n \ln S_{it} I(\gamma_n < z_{it}) + \sum_{j=1}^{n} \delta_j X_{it} + \mu_i + \varepsilon_{it} \tag{4-2}$$

式（4-2）中，z_{it} 为门槛变量；γ_1，γ_2，…，γ_n 为门槛区间下的门槛值；β_1，β_2，…，β_n 为不同门槛区间下的估计系数；I（）为示性函数，若门槛变量满足条件则该函数值为 1，否则为 0。

该模型无须事先设定非线性方程的形式，门槛值及其数值完全由样本内生决定，不仅可以直接估计出解释变量与被解释变量之间的非线性关系，而且能对门槛特征及其相应门槛值进行显著性检验，克服了传统面板回归模型分析的缺陷。

3. 实证结果分析

（1）普通面板回归结果。一般来说，由于现实情况的复杂性，经济问题的研究中混合回归模型不适用，需对面板数据的适用模型进行选择。首先，将面板数据进行 F 检验，以判断模型是混合回归模型还是固定效应模型。

假设原假设和备择假设分别为：H_0，建立混合回归模型（回归斜率系数和截距都相等）；H_1，建立固定效应模型（回归斜率系数相同，但截距不同）。

在固定效应模型中，α_{it} 作为随机变量（解释变量），表示模型的个体效应，而在随机效应模型中，随机误差分为不随时间变化的误差项 α_{it} 和随

机变化的误差项 μ_{it}。因此随机效应模型是将固定效应模型中的个体效应 α_{it} 归入随机误差项，回归所有个体有相同的截距项，个体差异主要反映在随机干扰项的设定上。需进一步通过 Hausman 检验来确定个体效应属于固定效应还是随机效应（赵熙，2021）。

假设原假设和备择假设分别为：H_0，截距项与解释变量不相关（个体随机效应模型）；H_1，截距项与解释变量相关（个体固定效应模型）。检验结果见表 4-6。

表 4-6　面板设定检验结果

检验项目	统计量	p 值
F 检验	23. 32	0. 0000
Hausman 检验	73. 93	0. 0000

表 4-6 中的结果显示 F 检验和 Hausman 检验结果均为 0. 0000，强烈拒绝原假设，说明适合采用固定效应模型进行参数估计。模型类型确定以后，接着是对样本间关系进行估计，结果见表 4-7。

表 4-7　面板回归模型的分析结果

变量	面板回归模型
Ln（页岩气开发补贴）	0. 011*** （0. 008）
有机质丰度（TOC）	0. 056** （0. 009）
Ro	0. 034（0. 006）
孔隙度	0. 026（0. 102）
Ln（页岩有效厚度）	0. 020*** （0. 029）
含气量	0. 015*** （0. 011）
脆性矿物含量	0. 004（0. 006）
Ln（目的层埋深）	-0. 025** （-0. 011）
Ln（水平段长）	0. 0172（0. 013）
地层压力系数	0. 009（0. 011）
盖层厚度	0. 010（0. 002）
地形坡度	-0. 003（-0. 005）
R^2	0. 7621

注：（）内数值为 t 值，*、**、*** 分别表示在 1%、5%及 10%水平上显著。

表4-7中模型估计结果表明，解释变量“页岩气开发补贴”在1%水平上显著为正，说明页岩气开发补贴对区块页岩气增产效应产生了促进作用。从估计系数值来看，页岩气开发补贴每提高1个百分点，区块页岩气产量随着增加0.011个百分点。从其他解释变量估计系数来看，TOC、页岩有效厚度、含气量与页岩气产量效应显著正相关，说明着三个因素对页岩气产量的增产效应起到了显著的促进作用。另外，目的层埋深与页岩气产量在5%水平上显著负相关，说明埋深越深的页岩气气藏，页岩气产量反而越低。以上与大多数研究学者的结论一致。然而，简单的多元面板模型设定可能并不稳健，同时还可能存在较为严重的内生性问题。一般来说，内生性的来源有三种：一是由于模型的变量选取不合理，漏掉了重要变量，此处特指与其他解释变量相关的被解释变量，被漏掉的变量会成为扰动项，造成解释变量与扰动项间的内生性问题。二是由于解释变量与被解释变量相互影响，为因果关系，两个互相影响的变量无法厘清两者的关系，导致了解释变量的外生性这一模型设定的基本条件无法达到，进而造成内生性，这也是实际中最常见的。三是由于构造变量时出现度量误差，比如，解释变量存在度量误差时，真实的变量值是 X，人们实际观测到的却是 $X+v$，因此测量误差 v 会进入扰动项，造成模型有偏差，形成内生性问题。

本书采用面板门槛回归模型的方法，可以很好地解决因果关系内生性问题；另外由于学界对“政府补贴”的度量已经达成了较为统一的共识，因此“政府补贴”作为解释变量也能在一定程度上解决度量导致的内生性问题。

（2）面板门槛回归结果。普通面板回归模型估计结果表明，整体上页岩气开发补贴对页岩气产量增产起到了正向的促进作用，但对这种促进作用的效果差异没有体现。结合前面已提到的补贴与页岩气产量之间存在着复杂的非线性关系，初步判断，补贴的增收效应发挥可能会受到当地区块特征的影响，在不同环境条件下或者说对于不同区块而言，影响可能存在差异。随着区块条件的优劣变化，补贴的增产效应也会发生相应的变化，即页岩气开发补贴对页岩气产量的增产作用可能存在门槛特征。在此基础上，运用Hansen面板门槛模型进行检验。

门槛模型首先要对面板数据进行门槛效应存在性检验和门槛估计值的

真实性检验。门槛效应的存在性检验，利用F统计量进行检验。具体操作步骤：以页岩气产量对数作为门槛变量，经过自主抽样检验，结果显示单一门槛的F统计量在5%水平上显著，双重门槛的F统计量未通过显著性检验。因此，我们认为门槛值的个数为1个。然后是门槛估计值的真实性检验。根据表4-8中数据可以发现，页岩气产量对数为门槛变量时，门槛1的估计值为3.4012，在95%的置信区间内，意味着门槛估计值的识别效果显著。1个门槛值意味着此门槛值随着页岩气产量对数（LnQ）由低到高将整个样本划分成两个区间。接下来分析两个区间内补贴对页岩气产量的影响。

表4-8　门槛效应检验和门槛估计值检验

检验项目	门槛效应自抽样检验		检验项目	门槛估计值检验
	单一门槛	双重门槛		门槛1
F统计值	35.45**	48.21	门槛值	3.4012
P值	0.0000	0.3782	—	—

注：***、**、*分别表示在10%、5%、1%水平上显著。

门槛个数与门槛值确定后，具体的面板门槛模型也就确定了。表4-9列出了基于固定效应的面板门槛模型估计结果。补贴对页岩气增产效应的影响受到区块产量制约而呈现非线性特征。具体地说，当 $\ln z_{it} \leqslant 3.5552$，也就是页岩气产量低于30亿立方米时，补贴对页岩气产量增产具有一定促进作用，且估计系数通过了5%水平上的显著性检验。估计系数值为0.003，意味着页岩气开发补贴每提高1个百分点，区块的页岩气产量相应增加0.003个百分点，促进作用很小。反之，当产量高于30亿立方米时，补贴的增产效应未通过显著性检验。换句话说，页岩气产量或者说产能水平较高时，页岩气开发补贴无法起到预期中的增产效应，增产效用很小；只有当区块的页岩气产量或产能水平低于一定门槛值，补贴才显示出增产效应。一方面证实了补贴对页岩气产量的影响并非线性，而是存在明显的门槛特征；另一方面也在一定程度上说明了补贴有助于页岩气增产。

表 4-9　面板门槛模型的回归结果

门槛区间	变量	系数	标准误差	p 值
d_1（3.5552≤$\ln z_{it}$）	政府补贴（对数）×d_1	0.003**	0.000	0.000
d_2（3.5552>$\ln z_{it}$）	政府补贴（对数）×d_2	0.015	0.011	0.439

第四节　本章小结

本章阐明了页岩气开发补贴参与主体，并从政府与企业两个视角构建了页岩气补贴绩效评价框架。从政府视角分析页岩气开发补贴的影响机理，认为补贴有助于页岩气增产。通过建立面板门槛回归模型实证了补贴对页岩气的增产效应。因补贴对页岩气增产效应表现出门槛特征，只有当区块页岩气产量或产能低于某水平时，补贴的增产作用才会体现。

第五章
基于企业视角的页岩气开发补贴绩效评价

一般来说，政府的政策扶持可以影响企业的经营绩效。页岩气相关企业同样不例外。针对页岩气相关企业，补贴政策生效路径与企业绩效的关系可以归纳为如下两种方式：路径一：直接补贴影响。针对页岩气开发企业的直接补贴相当于新的现金流。在会计核算方面，将收益相关的补贴规定为损益类，年中直接计入本年的利润，能够直接影响企业的盈亏水平；另外，政府补贴能在一定程度上提升企业的偿债能力，进而影响到当期的营业收入。路径二：补贴这一行为除了能够给予企业直接的经济收入，还能向市场传递一个非常重要的投资信号，传达政府支持该行业发展的一种态度。这对嗅觉灵敏的企业来说能够起到导向作用，从而使企业进入该行业，有助于企业在短时间内获得成本较低的融资，最终影响企业的绩效。

无论是路径一还是路径二，都是通过影响企业的行为来改变企业的经营绩效的。为深入评价页岩气开发补贴对企业参与页岩气开发的绩效影响机理，本章从企业的生产积极性和生产效率入手，采用计量经济学和统计学方法，基于文献收集、公开数据资料查询及专家咨询访问等方式整合的2013~2019年各企业参与页岩气开发的地质资料、工程资料及财务数据等相关数据，研究补贴对企业参与页岩气开发的投入费用情况、生产效率情况的影响。

第一节 补贴对企业绩效影响机理分析

一、补贴提升企业生产积极性

相较于常规天然气开发，页岩气开发需要进行勘探、钻井、压裂、固井等一系列工程，且前期投资量大、技术难度高、效益产出周期长，企业承担的财政压力非常大，较高的固定成本或沉没成本挤占了原本用于扩大生产的投资支出。企业以营利为目的，这种情况使得大部分企业投资积极性大打折扣。另外，相比美国，我国页岩气资源禀赋及开采条件相对较差，盈利能力弱的页岩气区块难以吸引到社会资本，更不用说加大生产投入及投资规模。因此，政府给予页岩气开发一定的补贴扶持显得尤为重要。

对于页岩气生产中存在资金问题的企业，页岩气开发补贴能直接减少其单位产气成本，将其面临的开采成本压力进行空间与时间上的转移与分散，缓解其抵抗风险的压力，有利于企业扩大生产及投资规模。对不受制于资金问题的企业来说，页岩气开发补贴不仅可以改善基础设备等条件，还能提高其生产积极性。

有理论认为，自 2012 年以后，页岩气产业迅速发展的原因之一就是页岩气补贴的实施（李月清，2021）；也有理论认为，财政补贴具有外部性内化的作用，以刺激企业的投资意愿，提升生产积极性（陈儒，2019）。页岩气开发补贴虽不能直接解决企业的高开采成本、高风险问题，但是可以让企业的开采成本和所承受风险在能接受的水平以内。可见，财政补贴实质上是阶段性地弥补了页岩气开发高昂的成本，通过补贴确保页岩气项目开发达到基本收益，提升了企业的投资积极性，促进了页岩气产业发展。

二、补贴提高企业生产效率

企业的生产效率可以用页岩气的生产效率来衡量。生产效率随着企业中的人力、技术、设备、科技、材料等投入要素在数量或质量上的变动而变化。比如，由补贴引发的设备投入增加，会致使机械代替人力，促进生产规模化、集约化水平的提高，从而对企业的生产效率有提升作用。另外，诸如社会资本、市场条件等社会因素也会影响生产效率（项升等，2020）。

由于财政补贴的存在，企业可引入先进技术、高级管理人员等，通过调整各投入要素资源间的配置来影响生产效率，提高页岩气的开采效率及开采量，从而获得更多的利润。

第二节　补贴对企业生产积极性提升效果的实证分析

补贴实施最重要的目标就是提升企业的投资开发积极性。由于补贴具有滞后性，企业在页岩气开发补贴实施后的生产行为，是对补贴绩效评价的重要指标。由于页岩气的生产积极性难以量化，本节采用页岩气开发生产费用投入这一指标来反映企业生产积极性，以测度补贴的实施效果。

一、变量选择及数据来源

1. 变量定义及度量

（1）被解释变量——页岩气开发生产费用投入。企业的生产积极性难以量化，因此采用页岩气开发生产费用投入指标来衡量。以涪陵、威远、昭通三大区块为研究单位，据不完全统计选择各区块数口井，统计2013~2019年各年各区块单井的勘探费用、钻井费用、压裂费用、地面工程费用、工人工资、井下作业成本及维护管理费作为各区块的页岩气生产费用投入，部分数据由中石化重庆涪陵页岩气勘探开发有限公司、中国石油西南油气田分公司、中国石化浙江油田分公司提供，部分数据来源于文献及数据库中公开的财务资料。具体数据见表5-2。

（2）核心解释变量——政府补贴力度。本部分使用的页岩气开发补贴力度参照第四章第三节中的政府补贴数值。

（3）其他解释变量。在参考多篇论文研究成果的基础上，本部分将埋深、地层压力系数、地面条件、水资源是否充足（开发条件）作为影响企业生产费用投入的其他解释变量，各参数取值见表5-3。另外，鉴于区块所处地域的行政级别和地方经济发展水平也会影响到企业投资开发的积极性及政府财政支持程度，引入地区GDP、城镇人口占比异质性因素作为其他解释变量项，数值见表5-4。各具体变量定义见表5-1。

表 5-1　变量定义

变量名称	具体变量	变量符号	指标解释	预估方向
被解释变量	页岩气生产费用投入	I	页岩气生产包括的勘探、钻井、压裂、地面工程、人工工资、井下作业、维护费用总和取自然对数	
核心解释变量	政府补贴力度	S	政府补助金额取自然对数	
其他解释变量	埋深	X_1	五峰组—龙马溪组埋深取自然对数	正向
	水平段长	X_2	水平井钻进长度取对数	正向
	地层压力系数	X_3	页岩气储层的压裂系数取自然对数	正向
	地形条件	X_4	以区县为评价单元，利用分区统计工具统计每个区县的地形条件得分平均值。地形条件分数取自然对数	反向
	开发用水占比	X_5	页岩气开发用水占可用水的百分比取自然对数	正向
	地区 GDP	X_6	区块所属地区 GDP 取自然对数	反向
	城镇人口占比	X_7	区块所属地区城镇人口占比取自然对数	反向

2. 代表性数据列举

从表 5-2 可以看出，昭通区块的勘探费用明显高于涪陵区块及威远区块，这主要是因为昭通区块的勘探面积远远大于涪陵区块和威远区块，平摊到每口井的勘探投资费用较高。昭通区块作为新起的开发目标区，现有靶区充足，未来新的页岩气井将不再需要进行过多的勘探投资。而另外两个目标区是成熟的开发目标区，需要额外的勘探区域来补充新的页岩气井才能达到预期产量。因此，昭通区块的页岩气开发企业可减少新靶区勘探的资本支出，迅速增加新井来分担已发生的勘探投资费用，从而降低每口井的投资成本。

地面工程费用中涪陵区块高于另外两个区块，如此高的地面工程费用一方面与该区块的产能建设有关，年初始产量越高，地面工程费用越高；另一方面与项目所处区域条件有关，如涪陵区块的管建费及管道铺设长度远超过威远区块及昭通区块，因此地面工程费用也相对较高。

从工人工资、井下作业成本及维护管理费中可以看出，涪陵区块明显高于威远区块及昭通区块，尤其高于昭通区块。这几项费用主要与开发规模有关，开发规模越大，费用越高。说明涪陵区块的开发规模及力度远远大于昭通区块，这也与实际情况一致。

表 5-2　各区块页岩气开发生产费用投入基本情况　　单位：万元

区块	名称	均值	标准差
涪陵	单位面积勘探费	11	21
	单井钻井投资	2420	4168
	单井压裂投资	1456	2875
	地面工程投资	1040	2661
	工人工资	4008	1024
	井下作业成本	1366	3026
	维护管理费	7515	2275
	总计	17816	
威远	单位面积勘探费	105	52
	单井钻井投资	2670	2542
	单井压裂投资	1667	4532
	地面工程投资	755	1024
	工人工资	1320	2377
	井下作业成本	662	595
	维护管理费	2970	1164
	总计	10249	
昭通	单位面积勘探费	280	414
	单井钻井投资	3000	2445
	单井压裂投资	1652	3251
	地面工程投资	853	1403
	工人工资	816	1023
	井下作业成本	624	552
	维护管理费	2295	1233
	总计	9519	

资料来源：笔者根据文献龙刚等（2021）、税野恒（2018）、雍锐等（2020）整理。部分数据由企业内部提供。

表 5-3 各区块页岩气井其他解释变量基础数值统计

研究区	其他解释变量	单位	最大值	最小值	均值	标准差
涪陵区块（五峰—龙马溪组）	埋深	米	2795	2313	2000	1035
	水平段长	米	3100	1477	1800	1979
	地层压力系数	—	1.59	1.48	1.55	0.81
	地形条件分数	—	91	72	88	23
	开发用水占比	%	5.11	2.15	3.25	4.39
威远区块（五峰—龙马溪组）	埋深	米	3536	1503	2800	3254
	水平段长	米	2820	1200	1656	2013
	地层压力系数	—	2.1	1.2	1.96	1.58
	地形条件	—	93	75	82	53
	开发用水占比	%	6.61	2.64	4.01	3.84
昭通区块（龙马溪组）	埋深	米	3500	500	2500	2004
	水平段长	米	2850	942	1585	2471
	地层压力系数	—	2.68	0.9	1.8	1.92
	地形条件	—	78	55	66	35
	开发用水占比	%	8.24	4.65	5.78	4.29

资料来源：笔者根据文献龙刚等（2021）、谢春来（2016）、史建勋等（2021）整理。

表 5-4 各区块 2013~2019 年地区生产总值及城镇化率统计

单位：亿元,%

区块	项目 \ 年份	2013	2014	2015	2016	2017	2018	2019
涪陵	地区 GDP	690.04	757.58	813.19	896.22	992.24	1076.13	1178.66
	城镇化率	60.68	62.18	63.78	65.45	67.18	68.72	69.77
威远	地区 GDP	271.9	294.0	294.4	317.4	331.9	350.9	351.2
	城镇化率	42.8	44.7	46.18	47.26	48.8	50.4	51.7
昭通	地区 GDP	634.7	670.34	709.18	768.23	832.45	889.54	1194.2
	城镇化率	26.3	27.5	29.2	31.49	33.38	34.56	35.30

资料来源：笔者根据国家统计局数据整理，个别数据补充根据文献夏岩磊等（2020）、王薇和艾华（2018）整理。

二、模型设定

1. 模型构建

本书采用面板数据（Panel Data）分析法，选取涪陵、威远、昭通三个区块为截面个体（每个区块选取10口井做平均），以2013~2019年为时间序列，构建补贴对企业生产积极性提升效果的回归分析模型：

$$I_{it}=\alpha_i+\alpha_1 S_{it}+\beta_1 X_{1it}+\beta_2 X_{2it}+\beta_3 X_{3it}+\beta_4 X_{4it}+\beta_5 X_{5it}+\beta_6 X_{6it}+\beta_7 X_{7it}+\mu_{it}$$

即：

$$页岩气生产费用投入_{it}=\alpha_i+\alpha_1 补贴力度_{it}+\beta_1 埋深_i+\beta_2 水平段长_i+\beta_3 地层压力系数_i+\beta_4 地面条件_i+\beta_5 开发用水占比_i+\beta_6 地区GDP_{it}+\beta_7 城镇人口占比_{it}+\mu_{it} \tag{5-1}$$

其中，i代表截面个数，即涪陵、威远、昭通三个区块，$i=1, 2, 3$；t代表每个个体截面的数据统计时间，即2013~2019年；I表示生产费用投入，S表示补贴力度。α_i表示常数项，μ_{it}是相互独立的随机误差项，满足零均值和等方差假设。当对于特定个体i，常数项不随时间改变，表示一些可能无法直接观测和难以量化的影响因素，我们一般称其为个体效应。个体效应的处理有两种方式，即随机效应和固定效应。

2. 数据处理

同第四章第三节中的面板数据处理方法一样，首先将面板数据进行F检验，以判断模型是混合回归模型还是固定效应模型。在stata15中的command文本中输入：sw regress I X_1-X_7，pr（0.10），得到F值，检验结果见表5-5。

表5-5　各区块F值检验结果

Effects Test	涪陵	威远	昭通
F值	27.85	44.32	48.97
F>Prob.	0.0000	0.0000	0.0000

表5-5中F检验结果表明，在1%的显著性水平下，三个区块的检验结

果均强烈拒绝原假设，故应该选用固定效应模型。然后进一步通过 Hausman 检验来确定个体效应属于固定效应还是随机效应，检验结果见表 5-6。

表 5-6 各区块 Hausman 检验结果

Test Summary	涪陵	威远	昭通
Prob>chi2	0.0000	0.0000	0.0000

表 5-6 中结果显示各组检验结果均为 0.0000，强烈拒绝原假设，说明固定效应模型参数估计是优良估计量，应建立个体固定效应模型：

$I_{it}=\alpha_i+\alpha_{it}s+\beta_{it}X_{it}+\mu_{it}$

基于以上检查，分析确定补贴对生产费用投入影响的实证模型：

$$\mathrm{Ln}(I_{it})=\alpha_i+\alpha_1\mathrm{Ln}(S_{it})+\beta_1\mathrm{Ln}(\text{埋深}_{it})+\beta_2\mathrm{Ln}(\text{水平段长}_{it})+\beta_3\mathrm{Ln}(\text{地层压力系数}_{it})+\beta_4\mathrm{Ln}(\text{地面条件}_{it})+\beta_5\mathrm{Ln}(\text{开发用水占比}_{it})+\beta_6\mathrm{Ln}(\text{地区 GDP}_{it})+\beta_7\mathrm{Ln}(\text{城镇人口占比}_{it})+\mu_{it} \quad (5-2)$$

式（5-2）中，I_{it} 为被解释变量，表示 i 区块 t 年页岩气开发生产费用投入；α_i 代表截面单元的个体特性，反映模型中 i 区块的个体差异；β 为各解释变量对费用投入增长的弹性系数值；S_{it} 为 i 区块 t 年发放的补贴金额；u_{it} 为随机误差项。

三、结果分析

根据上述回归模型进行实证分析，回归结果见表 5-7。

表 5-7 补贴对页岩气开发生产费用投入的影响

Variables	Ln（I 涪陵区块）	Ln（I 威远区块）	Ln（I 昭通区块）
_cons	8.375906*** (70.30)	8.418394 (54.29)	8.091674 (66.38)
Ln（补贴）	0.059498*** (3.18)	0.029977*** (2.64)	0.068442*** (5.57)
Ln（埋深）	0.0619943** (1.89)	0.081854** (0.99)	0.103904** (1.01)

续表

Variables	Ln（I涪陵区块）	Ln（I威远区块）	Ln（I昭通区块）
Ln（水平段长）	0.0734682* (0.26)	0.075984* (1.31)	0.080176* (0.45)
Ln（地层压力系数）	0.0245936 (1.22)	0.032101 (1.14)	0.014563 (0.98)
Ln（地面条件）	0.023452 (0.29)	0.089239 (0.43)	0.14537 (0.84)
Ln（开发用水占比）	0.018628* (0.99)	0.007473 (1.24)	0.104439 (1.02)
Ln（地区GDP）	-0.004379 (-0.33)	0.036893 (1.54)	0.082549 (0.83)
Ln（城镇人口占比）	0.0149372 (0.93)	0.042864 (1.28)	-0.053265 (-1.43)
F/wald chi2	49.75	38.87	45.26
F>Prob.	0.0000	0.0000	0.0000
模型类型	固定效应模型	固定效应模型	固定效应模型

注：①*** 表示通过了1%检验，** 表示通过了5%检验，* 表示通过了10%检验。

②括号内为t值，用于判断每个自变量的显著性，如果显著则说明该变量对模型有显著影响。

③F值用于判定模型中是否自变量X中至少有一个对因变量Y产生影响，如果呈现显著性（看P值），则说明所有X中至少有一个会对Y产生影响。

总的来看，补贴能够显著提高企业的生产费用投入，即提升其生产积极性。另外，其他变量因素也在不同程度上影响了生产费用投入。

（1）补贴对生产费用投入的影响。据各组模型的参数联合检验F统计量和相应的P值，均通过1%显著性水平，表明参数整体显著。就具体变量而言，页岩气开发补贴Ln（*S*）在各区块的t值均通过了10%置信水平下的t检验，且各组变量前的回归系数均为正值，符合理论预期，说明各区块的补贴对页岩气生产费用投入，即生产积极性有显著正影响。补贴通过政策导向和资金支持，调动积极性，引导其扩大开发规模，从而达到增大投入的目标。从补贴变量系数值来看，昭通区块（0.068442）、涪陵区块（0.059498）均高于威远区块（0.029977），即补贴政策效果具有区域差异性，具体表现在同一单位的补贴，威远区块五峰组—龙马溪组页岩气资源埋深较深，且由于外部环境限制，比如，开发用水占比、地区经济水平、设备及人员基础相对薄弱等，统一的补贴标准对威远区块开发的吸引力明显不够，激励作用小于技术难度低、开发条件好的昭通区块，因此政策实施效果出现区域差异性。

此外，检验结果显示各组补贴变量前的回归系数值均较小，说明补贴政策对页岩气生产费用投入增加的作用有限。究其原因，我国页岩气补贴的规模及力度有限，且补贴门槛太高、实际发到开采企业手中的补贴金额有限，相较于成本低、利润高的“甜点区”不断被开发，剩下技术难、储量差的区块，开发成本明显攀升，如此微弱的补贴对于促进企业开采积极性的作用显得相对乏力。此外，页岩气开发本身具有国家战略层面的意义，实际生产中受到探矿权及采矿权的限制，一些企业往往难以根据自身需求（形象影响力、内部收益情况）扩大页岩气开发规模，从而进一步影响了补贴政策的作用发挥。

（2）埋深对生产费用投入的影响。埋深作为影响页岩气开发的重要因素，对投入费用的影响显著。埋深每增加一个单位，投入费用呈现正增长。三个区块的表现均与预估方向一致。说明页岩气开发的工程条件是影响企业决策的一个重要因素。就不同资源禀赋特征的区块而言，昭通区块的五峰组—龙马溪组埋深浅于 2000 米，主要介于 500~2000 米。涪陵区块的五峰组—龙马溪组埋深主体浅于 3500 米。而威远区块南部有部分五峰组—龙马溪组埋深介于 3500~4500 米，埋深情况相差较大。相较于埋深较深的区块，昭通区块对企业的吸引力明显较高，开发成本收益变化对页岩气开发企业投资决策影响的效果高于另外两个区块。这与第一条结论一致。

（3）水平段长对生产费用投入的影响。水平钻井工程占据了页岩气开发的重要部分，其中水平段长决定了大部分钻井工程费用，同时直接与压裂工程费用相关，对页岩气生产费用总投入影响显著，呈正相关影响，同预估方向一致。说明水平段长越长，开发所需生产水平和成本越高，企业效益所面临的风险越高，企业的生产积极则相应减弱，对其投入也会减少。

（4）其他不显著的变量。地层压力系数、地面条件、开发用水占比、地区 GDP 及城镇人口占比对生产费用投入影响不显著。说明这些变量对生产费用投入影响不大。

各区块地面条件均对页岩气生产费用投入有正面影响，但影响效果不显著。可能的解释是区块的地面条件确定具有主观性，不能代表具体实施开发的地面条件，取值有待细化，对生产费用投入的影响是否有偏差不能准确判断。地层压力系数对页岩气生产费用投入影响不显著，可能是因为地层压力系数对水力压裂工程的实施费用的影响不大。开发用水占比主要对压裂工程费用有影响，是通过压裂级数来影响页岩气开发费用投入的，与总费用投入无直接的显著相关关系。地区 GDP 及城镇人口占比作为地区经济水平因素对页岩气开发费用总投入的直接影响不显著。

值得注意的是，各区块的常数项系数值均非常高，表明各区块特征，如资源禀赋条件对页岩气生产费用投入的影响显著。

四、本节小结

生产积极性是反映绩效的重要指标。通过研究发现，补贴政策对生产积极性具有显著正向作用，补贴的发放能够促进规模的扩大、成本的降低。但不同区块间补贴政策效果略有不同，受资源禀赋特征及开发工程条件的影响。统一的补贴标准对各个区块的积极作用是不同的。威远区块南部少数五峰组—龙马溪组埋深较深，开发成本较高，有限的补贴对其吸引力不足，激励作用要小于开发成本较低的区块。不同区块补贴对积极性的影响效果不同说明补贴政策需进一步细化，为提出具有区块特征针对性的差异化补贴方式提供了一定的理论实证基础。

第三节　补贴对企业生产效率提升效果的实证分析

补贴对全要素生产率的影响，一直是学术界的研究热点问题。大多数研究并未区分静态的当期全要素生产率与动态的不同时期全要素生产率变化，尤其是关于补贴对页岩气生产效率影响的研究几乎没有。本节在接下来的实证研究中，首先运用 DEA 模型从静态角度分析补贴对以页岩气开发为主营业务的上市公司生产效率的作用方向，其次运用 Malquist 指数分解方法从动态角度探究接受补贴的企业全要素生产率的变化情况。

一、方法介绍

1. DEA 法

数据包络分析模型（Data Envelopment Analysis，DEA）是在 Farrel 的生产效率框架基础上提出的模型，它是以相对效率为基准衡量效率的。衡量一个组织的生产效率的高低，通常采用投入产出比这个指标来研究。根据文献可知（吕镯，2018；任曙明和吕镯，2014；邵敏，2012），补贴对静态生产效率的影响主要通过研发投入和投资规模两方面实现。研发投入的增加可促进技术进步，投资规模的变动可提高规模效率。

本部分的 DEA 模型假定规模报酬可变（BCC），对纯技术效率、规模效率和综合技术效率进行分析。若综合技术效率值等于 1，则评价结果是 DEA 有效，也就意味着该决策单元在现有投入基础上获得最大化产出；反之，若值小于 1，则该评价结果 DEA 无效，说明存在投入冗余和产出不足现象，要对具体的投入冗余和产出不足进行调整改进。

DEA 法的基本原理：假设现有 $n(j=1, 2, 3, \cdots, n)$ 个被评价的决策单元，每个决策单元都存在 m 个不同的投入指标，记为：$X_j=(x_{1j}, x_{2j}, \cdots, x_{mj})$，$j=1, 2, \cdots, n$；$s$ 个不同的产出指标，记为：$Y_j=(y_{1j}, y_{2j}, \cdots, y_{sj})$，$j=1, 2, \cdots, n$。决策单元 j 的具体效率值的计算公式为：

$$h_j=\frac{\sum_{r=1}^{s}u_rY_{rj}}{\sum_{i=1}^{m}\nu_iX_{ij}}\leqslant 1 \tag{5-3}$$

可以直观看到，该效率评价指数 h_j 是综合考虑产出与投入指标权重后的产出与投入比值，u_r 和 v_i 分别是第 r 个产出和第 i 个投入的权重系数。h_j 越大，表明效率水平越高，即决策单元有更高的投入产出比。

2. Malmquist 指数法

Malmquist 指数法是基于 DEA 方法构建的使用面板数据来测算全要素生产率的一种方法，它可以较好地刻画相对效率在一段时间内的动态变化。全要素生产率是指“生产活动在一定时间内的效率”，是衡量总投入的总产量，即总产量与全部要素投入量之比，是衡量企业生产效率的重要指标（李悦，2021）。

全要素生产率变化（Tfpch）作为企业前后两个时期的技术效率比值，表示投入转变为产出的效率变化。若全要素生产率变化大于1，表示效率水平提高；若等于1，表示效率水平不变；若小于1，则表示效率水平下降。

$$Tfpch = Techch \times Effch = Techch \times (Pech \times Sech)$$

由生产前沿面理论可知，全要素生产率主要通过两个方面影响产出增长（李展和崔雪，2021）。一是技术进步（Techch）引起的整体生产力提高；二是综合技术效率变化（Effch）引起的整体生产力提高。其中，Effch可以进一步分解为纯技术效率变化（Pech）和规模效率变化（Sech）。

Pech指管理改善或低效、技术进步或退步等变化对生产效率的影响，它衡量了企业是否更靠近当前的生产前沿面进行生产；Sech指企业规模效应、集聚效应对生产效率产生的影响，是通过比较不同时期投入在同一生产前沿上的规模效率体现的。规模效率大于1意味着规模报酬递增，小于1则意味着规模报酬递减。

二、投入—产出指标筛选及数据来源

1. 投入—产出指标筛选

对于绩效评价而言，投入产出指标的选择是不尽相同的。从广义而言，投入是指系统运转所需的各种资源和要素，一般围绕人力、物力和财力三个方面进行选择。产出指标对于不同评价目标而言，选择侧重点也不同。

投入类指标首先选取了本书的关键变量——页岩气开发补贴。我国上市公司获得的政府补助，包括财政拨款、财政贴息和税费返还。本书不严格区分财政补贴与财政补助。在选取样本时，由于企业获得政府补贴需要满足一定的申请条件，而且各个企业进行页岩气开发的情况及上市时间不同，部分样本的某些指标数值会有缺失。此处政府补助数据主要来源于上市公司年度报告附注中政府补助明细一栏（王薇和艾华，2018；常晋意，2017）。

其他投入类指标的选择根据经济发展要素并结合本书研究目的，设定为在职员成本工人数、运营成本费用。在职员工人数用公司全部从业人员的对数值衡量。运营成本费用包括页岩气开采过程中的材料、燃油动力费，管理维护费用，其他相关费用及员工工资。

对于产出类指标，因考虑到页岩气开发主要是为了保障企业自身收益，缓解能源需求，笔者选择主营业务收入与页岩气产量为DEA模型的产出类指标，这两个指标主要是考虑开发自身运营的收益。其中页岩气产量通过各上市公司的主要产品销售收入来表达，如天然气、油田化学用品、设备等。本书最终确定的投入类指标和产出类指标见图5-1。

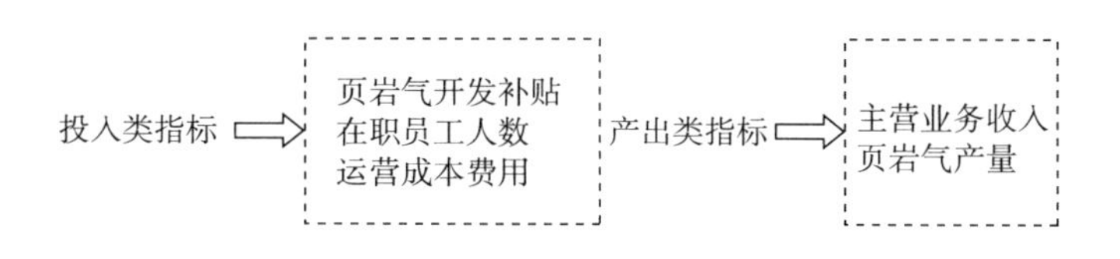

图5-1　投入类与产出类指标

2. 数据来源与处理

本书选取2013~2019年以页岩气开发为主要业务的上市公司的面板数据作为样本进行分析，主要包括主板、创业板、中小板页岩气概念上市公司，如东华能源股份有限公司、中石化石油机械股份有限公司、杭州巨星科技股份有限公司、恒泰艾普集团股份有限公司、通源石油科技集团股份有限公司、烟台杰瑞石油服务集团股份有限公司、广汇能源股份有限公司、苏州道森钻采设备股份有限公司、山东宝莫生物化工股份有限公司等。中石油、中石化及中海油三大巨头处于我国油气行业半垄断地位，自补助年份开始起一直蝉联政府补助榜首位。中石化在2019年年报中披露，营业外收入中获得财政补助83.92亿元，2020年补助超百亿元，获得补贴金额占据总补贴金额的50%左右。将它们作为面板数据分析不具有代表性，且会使结果发生偏离，故不考虑三大油企。本书使用的财务数据为上市公司年报数据，来自国泰安CSMAR数据库和Wind数据库，个别缺失数据通过沪深交易所、新浪财经、巨潮资讯网、企查查等网站查找信息进行补充。GDP、城镇人口占比数据来源于《中国城市统计年鉴》。

对于数据样本需要做简单的处理。第一，由于部门上市公司的股权代码发生变化，笔者对其进行了统一整理；第二，对存在不符合逻辑、错误数值，以及数据缺失的企业进行剔除。最终得出的总样本数据见表5-8、表5-9、表5-10。表5-11是对投入类指标（在职员工人数、运营成本、页岩气开发补贴）和产出类指标（主营业务收入、产品销售收入）的变量统计，笔者选择最大值、最小值、平均值来描述数据的分布情况和总体特征。最大值 max 和最小值 min 反映数据的离散程度，平均数 mean 反映数据的集中趋势。描述性统计的三个数值计算之前，剔除了数据异常值，对分布不均匀、范围太大的数据进行了调整。

本书旨在研究页岩气开发补贴对企业生产效率的影响规律，只做定性结论，结果不代表真实案例。

表 5-8　投入类指标取值——政府补贴　　单位：万元

企业 \ 年份	2019	2018	2017	2016	2015	2014	2013
中石化石油机械股份有限公司	7995	10118	7320	2512	3462	483	96
湖北能源集团股份有限公司	793	2709	1999	2069	2285	1149	1047
云南省能源投资集团有限公司	2117	1944	1332	946	662	686	355
东华能源股份有限公司	16440	14798	1531	2571	1766	463	538
上海神开石油化工装备股份有限公司	2081	1773	1820	1253	1170	896	694
烟台杰瑞石油服务集团股份有限公司	4319	2366	5928	5152	3939	817	2255
杭州巨星科技股份有限公司	7282	1928	1698	1149	1645	780	462
山东宝莫生物化工股份有限公司	39	23	11	354	116	70	120
新疆贝肯能源工程股份有限公司	630	316	57	1017	238	889	737
海默科技（集团）股份有限公司	766	513	170	396	358	635	56
恒泰艾普集团股份有限公司	2251	2047	601	1356	597	688	691
通源石油科技集团股份有限公司	365	339	329	318	412	915	392
北京潜能恒信地球物理技术有限公司	22	43	46	38	38	39	338
张家港富瑞特种装备股份有限公司	806	1225	1146	1393	1660	2197	1207

资料来源：国泰安（CSMAR）数据库和 Wind 数据库，个别数据来源于沪深交易所、新浪财经、巨潮资讯网、企查查等网站。

表 5-9　投入类指标取值——在职员工人数和运营成本

单位：人，万元

企业＼年份	在职员工人数							运营成本						
	2019	2018	2017	2016	2015	2014	2013	2019	2018	2017	2016	2015	2014	2013
中石化石油机械股份有限公司	5286	5443	5739	6182	6342	6878	6982	529385	393710	318429	328355	411927	675038	0
湖北能源集团股份有限公司	4085	4120	4089	4005	4079	3238	3245	226378	194796	146405	606072	441018	497821	922414
云南省能源投资集团有限公司	2651	2410	2510	3258	2854	3061	3395	20498	17337	15199	4656.35	0	0	0
东华能源股份有限公司	1804	1620	1430	1336	1114	876	565	4288784	4288784	3003717	1863936	1618291	1267419	847993
上海神开石油化工装备股份有限公司	747	912	869	932	1119	1159	1270	28065	28375	18358	19037	30765	37670.69	44106
烟台杰瑞石油服务集团股份有限公司	4990	4431	3856	3858	4180	4734	2917	38896	39216	32999	36127	40708	24	20
山东宝莫生物化工股份有限公司	479	498	530	590	948	948	530	45654	28057	23577	55102	37198	36098	41462
新疆贝肯能源工程股份有限公司	351	221	174	233	194	137	163	117824	71440	42920	30675	53477	51211	83427
海默科技（集团）股份有限公司	973	888	859	400	474	397	330	41216	140027	31078	19022	28434	12894	9356
恒泰艾普集团股份有限公司	1365	1562	1620	1649	1554	1106	587	8913	1577	16743	22891	15410	11993	28739
通源石油科技集团股份有限公司	485	542	454	467	412	444	402	101347	101385	50300	21721	32548	23090	18343
北京潜能恒信地球物理技术有限公司	69	66	64	69	100	150	157	2626	2932	2149	4725	2789	3237	4962
张家港富瑞特种装备股份有限公司	1486	1458	1882	1578	1907	2131	2576	121985	98165	121924	63080	89.736	125557	124683

资料来源：国泰安（CSMAR）数据库和 Wind 数据库，个别数据来源于沪深交易所、新浪财经、巨潮资讯网、企查查等网站。

表 5-10　产出类指标取值——主营业务收入和产品销售收入

单位：万元

企业 \ 年份	主营业务收入							产品销售收入						
	2019	2018	2017	2016	2015	2014	2013	2019	2018	2017	2016	2015	2014	2013
中石化石油机械股份有限公司	658835	491885	399384	344416	509552			40915	34755	25642	26145	29882	32622	0
湖北能源集团股份有限公司	1581075	1228819	1156706	937035	708511	727014	1108969	238017	203089	152057	1326	1253	1395	1901
云南省能源投资集团有限公司	193313	183542	144694	145501	166553			27051	24059	17287	5835	0	0	0
东华能源股份有限公司	4618762	4894286	3267828	1997503	1719598	1331425	935499	3595163	3656704	2365397	1704853	1708566	1326849	935499
上海神开石油化工装备股份有限公司	78523	70206	51838	41603	61384	67138	75774	38298	38711	24858	24466	44594	54215	62599
烟台杰瑞石油服务集团股份有限公司	692542	459677	318707	283382	282657	446060	368571	52850	56510	46838	48287	60585	32	25
山东宝莫生物化工股份有限公司	41689	44989	40982	89801	74164	66514	68498	29760	33270	28610	72605	49710	45654	1338
新疆贝肯能源工程股份有限公司	139902	89961	61731	42260	69029	66365	105254	5865	3749	5335	2956	6240	7411	11451
海默科技（集团）股份有限公司	69230	70181	51163	28119	40022	31358	23260	2210	3197	3384	4122	3669	6236	4111
恒泰艾普集团股份有限公司	10339	28406	24809	41157	33123	24516	58329	24790	41579	39346	54137	49661	31919	8375
通源石油科技集团股份有限公司	155577	159309	81660	39986	63559	39414	36679	27888	1242	15635	40	30	267	442
北京潜能恒信地球物理技术有限公司	4569	4086	2514	4483	4483	7755	16847	4569	4086	2514	0	0	0	0
张家港富瑞特种装备股份有限公司	150632	140138	170150	84445	123101	194401	195947	11814	0	0	0	0	0	0

资料来源：笔者根据 Wind 数据库手工整理，未进行剔除和缩尾处理，数据日期截至 2020 年 6 月 30 日。

表 5-11　2013~2019 年我国以页岩气开发为主营业务的上市公司各变量描述统计　　单位：万元

会计年	在职员工人数			运营成本费用			主营业务收入			产品销售收入		
	最大值	最小值	均值	最大值	最小值	均值	最大值	最小值	均值	最大值	最小值	均值
2013	2917	157	1663	922414	20	163500	1108969	36	201930	935499	25	78903
2014	4734	150	1874	1267419	24	210927	1331425	7755	230920	1326849	32	115892
2015	6342	100	1882	1618291	2789	215562	1719598	4483	296595	1708566	1253	150322
2016	6182	33	1852	1863936	4725	236569	1997503	4483	313823	1704853	1326	149598
2017	5739	64	1881	3003717	2149	340292	3267828	2514	444013	2365397	3384	209762
2018	5443	66	1859	4288784	2932	416922	4894286	4086	605037	3656704	3197	315458
2019	5286	69	1905	4288784	2626	428583	4618762	4569	645768	3595163	2210	315322

从表 5-12 中可以看出，受补贴的企业数目逐年增加，说明补贴的实施范围越来越广。从补贴总额来看，以页岩气开发为主营业务的企业受补贴总额巨大，从 2013 年的刚过亿元增长到 2019 年的百亿元补贴金额，增长了百倍之多。说明国家对页岩气开发的重视程度也与日俱增。另外，上市公司之间获得的财政补贴差异很大。具体来说，东华能源在 2019 年年报中披露，营业外收入中获得财政补助 16440 万元。而潜能恒信营业外收入中获得财政补助只有 22.8 万元。

表 5-12　2013~2019 年我国以页岩气开发为主营业务的上市公司补贴情况统计

单位：万元

会计年	获得补贴企业数	最大值	最小值	补贴均值	补贴总额
2013	13	2255	56	775	10082
2014	35	2197	39	764	26744
2015	66	3939	38	1285	84821
2016	96	5152	38	1490	143123
2017	144	7320	11	1715	246980
2018	210	14798	23	2940	617407
2019	297	16440	22	2971	882583

三、结果分析

1. 静态分析

运用 DEA 中投入导向的 BBC 模型，将选取的 10 家上市公司 2013~2019 年共 7 个会计年度的各项投入产出数据，通过数据包络分析专用程序——DEAP2.1 软件测算出公司各年度平均生产效率（见表 5-13）。考虑到上市公司大多为规模报酬递增行业，选择 VRS 算法。

表 5-13　2013~2019 年上市公司页岩气开发业务平均生产效率

年份	技术效率	纯技术效率	规模效率
2013	0.779	0.829	0.795

续表

年份	技术效率	纯技术效率	规模效率
2014	0.786	0.834	0.782
2015	0.795	0.855	0.809
2016	0.833	0.848	0.811
2017	0.844	0.896	0.862
2018	0.871	0.887	0.895
2019	0.852	0.912	0.900

由表5-13中数据可以看出，样本期间内企业技术效率呈现上升并稳定的趋势，从2013年的0.779上升到2019年的0.852，说明生产效率一直处于生产最优前沿面上，补贴投入得到了有效的利用。2016年以后技术效率均值起伏不大，说明企业的投入产出达到较稳定水平。究其原因可能是页岩气补贴政策实施时间尚短，补贴效应又存在滞后性，补贴投入的要素利用效果还不显著。

为进一步分析企业的页岩气开发业务生产效率，将技术效率分解为纯技术效率和规模效率。其中，纯技术效率衡量的是既定投入水平下提供相应产出的能力，反映了企业的管理水平；规模效率衡量的是企业是否在固定规模报酬下生产，反映了生产规模的有效程度。模型估计结果中，纯技术效率逐年增加，表明投入要素能够一定程度促进产出能力提升，也就是补贴能提升企业产出能力。

2013~2015年企业规模效率出现逐步稳定的状态，主要是因为页岩气开发刚起步，我国还面临着诸如探矿权不明、地质勘探工作不足及技术设备不到位等问题，多数企业因融资问题和成本过高而缺乏投资激情，导致规模效率无明显增长。然而，2017~2018年规模效率出现快速增长，说明前期勘探工作已经奠定了基础，大量的有利区优选及“甜点区”筛选工作的完成使得页岩气开发风险大幅减弱，企业纷纷扩大经营规模，规模效率迅速提高（见表5-14）。此外，样本期间内纯技术效率持续增长，2019年高达0.912，这意味着企业的管理水平在逐步提高。

2. 动态分析

政府补贴对企业全要素生产率的促进作用主要体现在两个方面：其一，

政府补贴能在一定程度上促进企业增加研发投入，进而促进技术创新引起企业全要素生产率的增长。其二，政府补贴能够给予企业一定的价格补偿，有助于企业保持产品的成本优惠，扩大市场规模。一般情况下，企业规模的扩大迫使其采用更先进的管理方式，从而导致内部经济，有助于企业全要素生产率的提高。

表 5-14　2013~2019 年上市公司全要素生产率变化及其分解

年份	综合纯技术效率	纯技术效率	规模效率	技术进步	全要素生产率
2013~2014	0.973	1.000	0.973	0.876	0.852
2014~2015	0.957	1.022	0.936	0.902	0.863
2015~2016	0.987	1.003	0.984	0.824	0.813
2016~2017	1.026	1.015	1.011	0.934	0.958
2017~2018	1.146	1.030	1.113	1.238	1.419
2018~2019	1.035	1.018	1.017	0.931	0.964
平均值	1.021	1.015	1.006	0.951	0.978

表 5-14 中数据为 DEAP2.1 软件输出的相应变量的变动率。2013~2019 年全要素生产率呈现负增长，7 年累计增长数为-3.6%。进一步分解全要素生产率可知，纯技术效率贡献为 1.5%，规模效率贡献为 0.6%，技术进步的贡献为-6.9%。全要素生产率的下降说明补贴对企业全要素生产率的提升没有什么实质性的作用效果。究其原因可能是补贴政策与企业全要素生产率之间存在滞后性及中介效应，加上我国页岩气补贴实施年限不长，全要素生产率的变化与补贴作用几乎无关，这与其他学者研究结论一致（陈一博和宛晶，2012）。通过各效率贡献值可以看出，全要素生产率的下降主要是技术进步的负增长引起的。企业生产率的提升主要依靠技术效率的改进实现，而并非由技术进步实现。业绩主要依靠粗放型的规模扩张实现，并非通过集约型的生产率提升实现（高新伟等，2014）。

从业务的技术进步率来看，除 2017~2018 年大于 1 以外，其余各年份均小于 1，并且呈现一定的波动。技术进步最高的年份出现在 2017~2018 年，这意味着 2017~2018 年由于我国页岩气开发引进了新的技术或先进设备，使得技术性效率出现显著上升。之后下降是因为一项新技术的应用效果会逐渐递减，出现边际效应，当这项技术的效果递减到一定程度后会有新的技术来替代。根据温忠麟和叶宝娟（2014）提出的理论，政府补贴中约有 97.7%通过企业研发投入作用于企业的全要素生产率，所以企业本身应该在页岩气开发技术研发上投放相当的时间和资金，坚持开展技术创新。政府若要提升企业生产效率，也必须对技术研发给予大力扶持，才能通过提升技术进步促进企业全要素生产率的提高。这与美国政府对页岩气开发技术研发的大力支持是美国页岩气快速发展的根本原因的结论是一致的。

另外，从纯技术效率变化来看，样本期间内各年份均大于 1。说明近年来以页岩气开发业务为主的企业，内部管理体制正在不断完善，管理效率也在不断提升。公司的管理方法和管理阶层的决策对企业的生产效率产生了积极影响。

从规模效率来看，2013~2015 年规模效率呈现出负增长，而 2017~2018 年间增长率达 1.13%，这与静态效率分析的结论是相吻合的。可能的解释是，纯技术效率主要是受企业内部环境影响，如组织效率和管理制度等；而规模效率除了受企业内部环境影响以外，还会因外部环境的不确定性而出现波动，如经济增长、市场需求、利率等因素。因此，企业要在保持自身高效管理水平的基础上，积极应对内外部环境威胁，充分把握外部环境的机会，以提高规模效率，从而进一步提高企业生产效率。

四、本节小结

通过上述静态生产效率分析可以看出，2013~2019 年，在补贴力度逐渐减小的情况下，企业的总体生产效率呈现上升并稳定的趋势。通过对纯技术效率和规模效率的比较可以看出，基本上每年规模效率都要小于纯技术效率，说明纯技术效率是技术效率提升的主要贡献因素。

通过动态生产效率分析可以发现，2013~2019 年，在补贴力度逐渐减小的情况下，企业全要素生产效率呈现负增长的变化趋势。这与补贴趋势呈现同步趋势，造成这种趋势的原因是技术进步负增长，正是技术进步的下降导致了近年来页岩气开发业务全要素生产效率的下降，各公司应当着力提升页岩气开发的技术进步水平。

综合静态生产效率分析和动态生产效率分析结果，补贴总体上提高了企业的生产效率。从这一角度出发，本书认为：提高企业的页岩气静态生产效率应以扩大页岩气开发规模为着力点，而能达成这一目标的方式就是提高补贴水平。从动态生产效率分析结果看，补贴并没有明显提高生产效率，生产效率（全要素生产率）的提高需要从技术进步率的角度入手，着力提高上市公司页岩气开发业务的专业化程度。

第四节　本章小结

本章基于企业视角，用页岩气开发生产费用投入来衡量企业的生产积极性，并运用多元线性回归模型分析页岩气补贴变化对其影响的规律。实证结果表明，补贴对企业生产积极性具有显著正向作用，补贴的发放能够促进成本的降低和规模的扩大。另外不同区块间补贴政策效果略有不同，受资源禀赋特征及开发工程条件的影响，统一的补贴标准，对于各个区块的积极作用是不同的，这也为下一章页岩气开发补贴额度的优化方向奠定了研究基础。

另外，用 DEA 法和 Malmquist 指数法来研究以页岩气开发为主要业务的上市公司生产效率静态与动态变化。实证结果表明，补贴总体上提高了企业的生产效率。

第六章
页岩气开发补贴测算模型的构建

根据第五章对页岩气补贴绩效评价分析可知，我国页岩气补贴效果存在区域性，针对不同页岩气区块，如何实施不同的补贴额度是本节的研究重点。况且，页岩气本是经地质作用形成的自然资源，在成藏和富集上并不规律，地下储藏也并不规则，均一化补贴无法体现页岩气资源禀赋的特殊性，充分发挥其能源效益（杨冰和马光文，2013）。有研究指出，政府的合理化干预能够有效改善由资源禀赋引起的“资源诅咒”现象（陈峥，2017）。因此，如何设计既能激励企业积极投资，参与我国页岩气开发，又能保障其自身利益的补贴方式，对于我国扩大页岩气开发规模，促进行业发展具有非常重要的意义。本书为实现此目的提出了针对页岩气区块特征的差异化补贴思想及补贴额度的优化设计方法。

辨别从事页岩气开发的企业是否需要补贴非常重要。多数学者提出要对页岩气提供持续、长期的补贴，但都仅限于定性分析，很少有研究明确指出何种补贴模式更为恰当，对于补贴额度的确定更鲜有相关研究涉及。杨济源等（2019）提出，页岩气财政补贴对于商业开发页岩气具有重要意义，补贴标准每增加 0.1 元/立方米，开采企业内部收益率可增加 0.8%~1.5%。冯保国（2019）表示，原有的定额补贴不利于提高企业增产的积极性。对非常规天然气勘探开发而言，资金投入大、产量递减快。在原有的定额补贴政策下，只要能维持稳定的产量就能拿到稳定的补贴，才能较好地激发企业加大投入实现增产。新的梯级奖补政策更能够调动企业增产的积极性，特别是未达到上年开采利用量时的扣减奖补政策，激励作用更大。另有专家表示（刘畅，2017），由于不同区块页岩气的产量增长分配系数不同，对于具有较好开发潜力的区块，因自身收益较高，在条件允许的情况下，可给予适当补贴以提升天然气产量增长率；对于老开发区块，需重点做好补贴政策实施期间的稳产能力，尽量减缓区块产量递减。笔者在差异性补贴具有一定研究可行性和理论分析支撑情况下，对补贴额度的确定进行研究。

若补贴标准过高，则会加重政府财政负担的同时降低补贴资源配置效率；若补贴标准过低，则很难满足保障企业的基本收益需求。因此，固定化的补贴额度难以应对复杂多变的页岩气开发项目情况。在实务中，由于政绩考核的压力，政府部门的首要目标是推动页岩气项目的落地，其次是期望效用最大化。而项目落地的前提是以净现值法计算的页岩气项目价值通过论证，以此为基础测算出的补贴值是理论上政府补贴的最低值；而以政府期望的效益最大化为目标，补贴上限应低于页岩气开发带来的社会效益。因此，笔者认为，在保证页岩气项目落地所需要的最低补贴和政府期望效益最大化的最高补贴之间，可形成一个供政府调整的页岩气开发补贴区间。

第一节　补贴测算模型的建立思路框架

理论上，政府对企业进行补贴需要考虑的因素错综复杂。学者们研究发现，补贴额度主要与环境因素，如地区、政府自身财政状况、市场化程度等，以及企业特性，如政治关联、盈利能力，技术水平、企业规模、劳动生产率和雇员人数等密切相关。本书从政府与企业两个角度，根据影响补贴倾向的代表性因素入手，如地区特征、企业盈利能力等，来探究差异化补贴额度的设计方法。

目前页岩气开发补贴的主体为政府，客体为从事页岩气开发的企业。政府补贴首要目标是推动页岩气项目落地，激励新开发区增产，加强老开发区稳产。在财政许可的情况下追求政府期望效用最大化，如缓解我国能源需求紧张，保障我国能源安全。也就是说，政府追求的最终目标是期望效益最大化，同时避免低效无效的财政补贴。

从企业的目标来看，要尽可能多地获得政府补贴，以降低成本实现自身经济效益最大化。为了适应行政部门和企业在金额预期上的双重目标，本书采用了基本补贴和可变补贴相结合的测算模型，将基于产量的固定补贴值转化为动态可调的范围，以适应中国页岩气复杂多样的资源禀赋特点的需要。

首先，考虑到企业的盈利能力，政府根据企业上报的建设期成本、运营成本和收益等财务数据，判断页岩气项目是否通过论证和评估，然后计算出政府补贴的最低值，即基本补贴。其次，根据不同类型页岩气区块的资源禀赋特点和开采条件，从管理部门的预期收入中，设定可变补贴激励强度系数，利用委托—代理模型测算可变补贴值。最后，最低金额与可变金额之和为优化后的补贴。这种可调整的差异化补贴可以对不同类型的页岩气区块发挥不同的激励作用，既能提高财政资金的使用效率，又能兼顾不同地区政策实施的公平性。构建差异化补贴模型的具体框架见图 6-1。

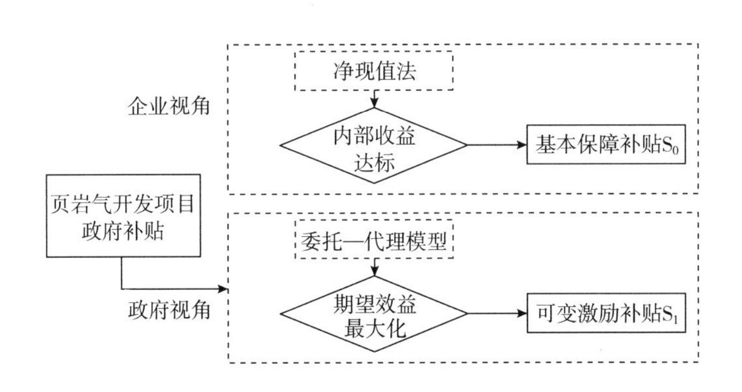

图 6-1　补贴测算模型框架

第二节　基于净现值理论的页岩气开发补贴模型建立

在保障企业的投资收益率不低于行业基准收益率（吴放，2017）的前提下，政府需根据企业上报的建设期费用成本、运营成本及收益等年报财务数据来确定最低补贴，这也是政府确定补贴额度的主要依据。对于企业的页岩气开发费用成本，大多数专家认为前期开发成本在总投资中占比最大，包括地面工程成本、钻井工程成本和压裂工程成本。运营成本指页岩气生产经营发生的全部费用，由采气成本和期间费用构成。采气成本指页岩气生产过程中，因采气作业、气井维护和相关设施设备生产运行而产生的费用及折旧费用。具体包括员工工资费用、生产所需的材料费和燃料费、日常运营管理费（如气井维修、井下作业、污水处理等）等。还有人认为，中国页岩气开发的税收也占了不可忽视的一部分，主要是资源税、企业所得税、增值税、建筑税和教育附加税。

折现现金流法作为一种流行的、有用的经济效益衡量方法，在给定的折现率下，可以方便有效地评估项目经济寿命期内产生的现金流之和。净现值是指项目未来现金流量现值与原始投资额现值之间的差额，也就是评价期内的各年净现金流量按基准收益率折现到投资方案开始实施时的现值之和，其经济含义是项目所能获得的相对于基准收益率的超额净收益。净现值为0，表示项目达到了基准收益率标准。

计算步骤：首先将页岩气项目建设期内的所有成本汇总，将运营期每年的运营收入减去运营成本得到的净现金流量作为定量测算指标进行测算。

$$NPV_T \geqslant 0 \tag{6-1}$$

$$NPV_T = NPV_1 + NPV_0 \tag{6-2}$$

式（6-1）、式（6-2）中，NPV_1 为运营期净现值，NPV_0 为建设期净现值。

（1）建设期只有项目投资支出额的现金流出，没有现金流入。页岩气项目建设期的累计项目净现值为：

$$NPV_0 = -\sum_{i=0}^{T_0} \frac{I}{(1+r)^i} \tag{6-3}$$

式（6-3）中，T_0 为项目建设期，I 为项目总投资额，r 为年度折现率。

（2）项目运营期，现金流入 CI_i 包括：页岩气井产气量的销售收入，政府的直接财政补贴。现金流出 CO_i 包括：页岩气井产气的运营成本，为使项目正常运营所需要承担的固定成本支出。

$$CI_i=(p+s_0)Q \tag{6-4}$$

$$CO_i=C_0+C' \tag{6-5}$$

$$NPV_1=\sum_{i=T_0+1}^{T}\frac{CI_i-CO_i}{(1+r)^i} \tag{6-6}$$

式（6-4）、式（6-5）、式（6-7）中，Q 为项目运营期的页岩气产气量；p 为每单位页岩气产量的收入，也就是气价；s_0 为单位产气量的财政补贴金额；C'为可变运营成本，与产气量直接相关；C_0 为项目运营期内固定成本总支出；T 为项目总期限，$T-T_0$ 表示项目的运营期，$i=T_0+1$，T_0+2，…，T。

$$NPV_T=\sum_{i=T_0+1}^{T}\frac{CI_i-CO_i}{(1+r)^i}-\sum_{i=0}^{T_0}\frac{1}{(1+r)^i} \tag{6-7}$$

结合式（6-1）可得：

$$\sum_{i=T_0+1}^{T}\frac{(p+s_0)Q-(cQ+d)}{(1+r)^i}-\sum_{i=0}^{T_0}\frac{I}{(1+r)^i}\geqslant 0 \tag{6-8}$$

第三节　基于委托—代理理论的页岩气开发补贴模型建立

页岩气开发补贴存在政府与企业的双方博弈和信息不对称问题。首先，政策的制定对企业及政府的影响不是孤立的。若政府以提高自身期望效益为目标制定补贴政策，则会尽量减少财政支出，以最小的投入获得最大回报，也就是说政府期望的最大产出效益主要表现在经济效益和社会效益上。经济效益与企业的页岩气产量直接相关，社会效益则是页岩气开发对社会带来的间接效益。企业的最终目标是自身利益的最大化，也就是选择最大可能获得补贴的决策，以减少自身生产成本为目的进行投资开发，获取更大的利润。两者对补贴额度的期望方向是互斥的，政府想以最小的补贴获得最大的期望收益，而页岩气企业希望通过获得更多的补贴以减少自身的支出负担。

其次，企业面对的是具有复杂富集产能控制条件的页岩气，其产能与产量可能不一致。如果仅依照产能进行相关业务，可能造成财政损失，产生亏损缺口大的风险。目前我国页岩气补贴对于不同地区企业实行均一化的补贴方式及额度，但是实际开发过程中不同区块面临的资源禀赋及开采条件不同，风险信息不同，相对于政府而言，企业掌握了更详尽的区块资源禀赋及开采条件信息，只有在自身的利益能够得到保障的基础上才会选择投资进行生产。而政府掌握的信息是根据各企业上报的项目报告和财务报表等进行整理后获得的，信息存在概略性和滞后性。

一、委托—代理问题

在政府与企业的委托代理关系中，主要采取的激励措施是根据企业的经营绩效来确定补贴额。政府和企业分别拥有财政补贴政策和投资开发的决策权，是博弈双方的行为主体。政府补贴的决策将直接影响企业的投资行为，企业的开发决策将影响政府的未来收益。双方通过项目合同形成了以政府部门为委托人，企业为代理人的委托代理关系，具体见图 6-2。

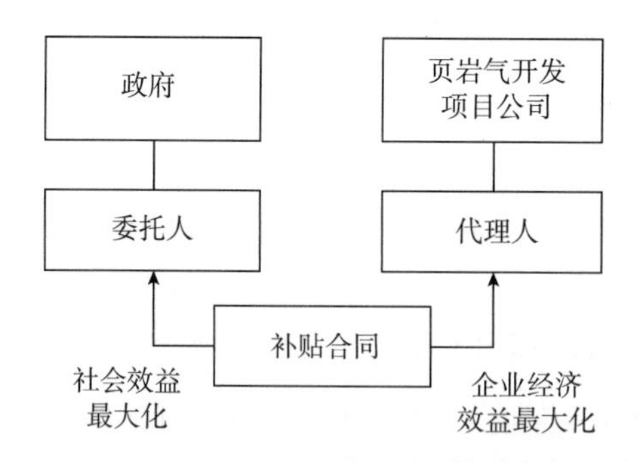

图 6-2　委托代理关系

笔者根据页岩气开发补贴中的双方博弈及信息不对称特性，通过建立委托—代理理论模型进行可变补贴额度的测算。测算结果应符合政府财政承受能力，在发挥激励作用保证企业合理收益的同时，使社会效益能得到有效发挥。

二、模型的假设与参数设置

1. 补贴额度确定需考虑因素

理论上，政府对企业进行补贴需要考虑的因素错综复杂。首先，基本补贴是根据企业上报的建设期成本、运营成本及收益等进行确定，也就是上章节讨论的最低补贴 s_0。其次，政府补贴的首要目标是期望社会效益最大化，而影响社会效益的因素有很多，此处列举主要因素：页岩气开发项目所在区块的资源禀赋特征及开采条件、企业的技术水平、企业的生产水平、企业的努力水平。

资源禀赋及开采条件是一个定性指标。关于这方面的研究已有相当成熟的方法与可参考的结论。主要根据区块的地质参数、工程参数及市场条件等方面综合反映。差异化补贴的基本思想就是围绕区块特征的差异性来划分补贴额度的等级，由于其突出的重要性，此处将其单列出来作为补贴的影响因子考虑。

技术水平主要包括项目参与的高级管理人才、技术人才、办公效率、设备配置、信息化技术等。对企业而言，提高企业的技术水平能降低自身运营成本；对政府主体而言，企业的技术水平提升也会产生一定的社会效益。

生产水平可根据生产效率评价指标确定，包括页岩气产量、运营收入、运营成本等投入—产出指标。

这里的努力水平指的是企业的综合性努力程度，是一个定性指标。据委托—代理理论分析案例中的补贴模型测算研究可知（张宏和董爱，2020），补贴测算的主要依据是企业的努力水平，可以反映在技术水平与生产水平等方面。本书用努力水平来直接反映企业的技术水平和生产水平。

2. 建模思路

企业的目标是选择适合的努力水平，在获得更佳收益的同时最大可能获得政府补贴，通过减少成本以实现自身效益最大化；政府的目标是以最小的补贴措施获得最大的期望收益。因此，本书在兼顾政府与企业两者双重目标的基础上，综合考虑区块资源禀赋、开采条件及企业努力水平来建立补贴测算模型。

根据本书的补贴测算模型框架可知，委托—代理理论模型作为整体测算模型的一部分，可通过计算可变补贴激励强度系数确定可变补贴额，以激励企业提高技术水平和生产水平，充分发挥社会效益。

现结合经典委托—代理理论基本模型和页岩气项目的建设运营状况，做出以下假设：

（1）政府作为委托方，始终是以社会效益考虑进行出资的。为了页岩气项目顺利进行，可以在一定范围内承担风险，此处假设政府对风险表现为既不冒险也不保守，设定为风险中性；而企业作为代理人，目标是降低成本，尽可能多地获得收益，更看重投资项目所带来的收益是否达到预期，会对风险采取规避行为，因此设定为风险规避者。

（2）政府与企业都是理性人，但双方追求的目标不一致，政府的目标是实现社会效益最大化，而企业的目标是实现经济效益的最大化。

（3）企业的努力程度为 e。

（4）企业的运营成本设定为固定成本与可变成本之和。

$$C=C_0+C_e+C_\rho \tag{6-9}$$

式（6-9）中，C_0 为固定成本，与日程营运和维护相关。可变成本包括企业的努力成本和风险成本。C_e 为企业努力成本，可根据企业的努力程度 e 确定。此处将努力成本视为努力程度 e 的严格递增函数，当努力程度变高，努力成本增加。

$$C_e=\frac{1}{2}ce^2 \tag{6-10}$$

式（6-10）中，c 是努力成本系数，代表企业在某努力水平下所支付的成本，与员工工资、管理费用正相关，假设努力成本系数为 c：

$$c=\varepsilon\times(\alpha_1+\alpha_2) \tag{6-11}$$

式（6-11）中，ε 表示努力程度的成本转化系数，取值范围 0~1，此处设定为 0.5；α_1 表示职工工资费用；α_2 表示运营管理费用。

企业以内部收益为目标，需要对风险进行绝对规避，C_ρ 为风险成本，此处参考前人对风险成本的研究（陈芬，2012），确定为：

$$C_\rho=\frac{1}{2}\rho\beta^2\sigma^2 \tag{6-12}$$

式（6-12）中，ρ 为风险规避系数，取值范围 0~1。

（5）企业在页岩气开发过程中，会产生经济效益 G 与社会效益 Bs。企业的经济收益 G 由销售收入确定：

$$G=pQ \tag{6-13}$$

式（6-13）中，p 为天然气售价，Q 为页岩气产量。页岩气产量表现为企业努力程度的增函数。当企业努力程度 e 增加时，新技术水平及设备能力相应增加，页岩气产量也会随之增加，假设产量与努力程度之间为关系函数如式（6-14）所示。考虑到页岩气产量主要与资源禀赋及开采条件有关，起初，页岩气产量会随着努力水平的增加快速增长，超过一定努力水平后，页岩气产量受努力水平的影响微弱。

$$Q=Q_0+k\ln e \tag{6-14}$$

式（6-14）中，k 为努力程度与页岩气产量之间的关系系数，Q_0 为区块内平均页岩气产量。

社会效益 Bs 是指增加环境收益、增加税收及就业、保障能源安全、减少矿难等。对于政府来说，社会效益越大越好。假设企业通过努力水平 e 产生的社会效益 b；由企业不确定因素产生的社会效益，记为 ε，ε 服从正态分布，即 $\varepsilon \sim N(0，\sigma^2)$。

$$b=qe \tag{6-15}$$

$$Bs=qe+\varepsilon \tag{6-16}$$

式（6-15）、式（6-16）中，q 表示努力程度与社会效益相关系数，指企业付出单位努力时所产生的社会效益。表示企业越努力，企业的生产水平就会越高，相应地产生的效益也会越好。

（6）β_i 表示不同社会效益对补贴的影响系数。

（7）β 表示可变补贴激励强度系数。

（8）资源禀赋及开采条件与效益相关系数 a 用百分制表示。

三、模型的建立

1. 双方收益函数确定

（1）政府收益函数。政府部门的收益函数 X 与项目的收益和支出的补贴有关，项目的收益包括直接经济效益和间接社会效益。

$$X=G+Bs-S \tag{6-17}$$

而通常，政府补贴会设置一个奖励标准点，以社会效益为例。假定奖励点为基础社会效益值 B_0（表示在基础努力程度 e_0 下的效益）。

$$B_0=q_0e_0 \tag{6-18}$$

则政府补贴测算总额为：

$$S=s_{综}Q \tag{6-19}$$

$$s_{综}=s_0+s_1 \tag{6-20}$$

$$s_1=\beta_1(qe-q_0e_0)+\beta_2(ae-a_0e_0) \tag{6-21}$$

式（6-19）至式（6-21）中，$s_{综}$代表综合补贴系数，由基本补贴与可变补贴组成；β_1 表示社会效益增量对补贴额的影响因子，即提高社会效益激励强度系数；β_2 表示项目所在地资源禀赋特征及开采条件对补贴的影响因子；a_0 表示在基础努力程度 e_0 下可开发的区块资源禀赋特征及开采条件值，即开发利益临界点处的资源禀赋特征及开采条件标准。

为简化模型参数便于求解，令

$$\beta_1=n_1\beta,\ \beta_2=n_2\beta \tag{6-22}$$

$$s_{综}=s_0+\beta[n_1(qe-q_0e_0)+n_2(ae-a_0e_0)] \tag{6-23}$$

式（6-22）、式（6-23）中，n_1、n_2 可看作社会效益和资源禀赋及开采条件各自对补贴激励强度系数的影响权重，$n_1+n_2=1$。

根据假设（1）可知，政府为风险中性型，期望效用函数即收益函数。

$$E(X)=p(Q_0+k\ln e)+qe-S_0-\beta Q[n_1(qe-q_0e_0)+n_2(ae-a_0e_0) \tag{6-24}$$

（2）企业收益函数 Y。企业收益函数 Y 与销售收入、政府补贴、运营成本相关。根据假设（1）可知，企业为风险规避型，期望效用函数中需要考虑风险成本。

$$Y=G+S-C \tag{6-25}$$

结合式（6-9）、式（6-11）、式（6-12）、式（6-13）可得：

$$E(Y)=p(Q_0+k\ln e)+S_0+\beta Q[n_1(qe-q_0e_0)+n_2(ae-a_0e_0)]-C_0-\frac{1}{2}ce^2-\frac{1}{2}\rho\beta^2\sigma^2 \tag{6-26}$$

2. 目标函数与约束条件

作为委托人的政府，在激励机制设计过程中主要通过观测到的企业成本选择补贴，诱使企业选择努力程度 e，增加产出达到社会效益最大化。同时企业在获得补贴的条件下，通过选择合适的 e 以降低企业自身成本 C，发挥更好的经济效益。目标函数为：

$$\max E(X)=p(Q_0+k\ln e)+qe-S_0-\beta Q[n_1(qe-q_0e_0)+n_2(ae-a_0e_0)] \quad (6-27)$$

参与性约束（IR）是指企业选择行为 e 比同行业平均效益高。也就是说作为理性投资人，企业在前期会通过测算来判定是否投资该项目，只有测得投资该项目获得的收益大于其他项目的最低保留效用时，才会选择投资。因此，为了保证企业获得期望收益，投资的参与约束条件可用公式表示为：

$$p(Q_0+k\ln e)+S_0+\beta Q[n_1(qe-q_0e_0)+n_2(ae-a_0e_0)]-C_0-\frac{1}{2}ce^2-\frac{1}{2}\rho\beta^2\sigma^2\geqslant\overline{Y}$$

(6-28)

激励相容约束（IC）是指代理人在所设计的机制下有积极性选择委托人，且委托人希望被选择的行动，即企业在最大努力程度 e 下完成项目得到的收益相比其他任何努力程度 e' 得到的收益都要大，表示如下：

$$p(Q_0+k\ln e)+S_0+\beta Q[n_1(qe-q_0e_0)+n_2(ae-a_0e_0)]-C_0-\frac{1}{2}ce^2-\frac{1}{2}\rho\beta^2\sigma^2\geqslant$$

$$p(Q_0+k\ln e)+S_0+\beta Q[n_1(qe'-q_0e_0)+n_2(ae'-a_0e_0)]-C_0-\frac{1}{2}ce'^2-\frac{1}{2}\rho\beta^2\sigma^2$$

(6-29)

综上，可以建立基于委托—代理理论的补贴模型：

$$\max E(X)=p(Q_0+k\ln e)+qe-S_0-\beta Q[n_1(qe-q_0e_0)+n_2(ae-a_0e_0)]$$

s. t. （IR）

$$p(Q_0+k\ln e)+S_0+\beta Q[n_1(qe-q_0e_0)+n_2(ae-a_0e_0)]-C_0-\frac{1}{2}ce^2-\frac{1}{2}\rho\beta^2\sigma^2\geqslant\overline{Y}$$

（IC）

$$p(Q_0+k\ln e)+S_0+\beta Q[n_1(qe-q_0e_0)+n_2(ae-a_0e_0)]-C_0-\frac{1}{2}ce^2-\frac{1}{2}\rho\beta^2\sigma^2\geqslant$$

$$p(Q_0+k\ln e)+S_0+\beta Q[n_1(qe'-q_0e_0)+n_2(ae'-a_0e_0)]-$$

$$C_0-\frac{1}{2}ce'^2-\frac{1}{2}\rho\beta^2\sigma^2 \quad (6-30)$$

四、模型的求解

政府的工作就是选择合适的补贴激励强度系数 β，满足企业的参与约束和激励相容约束。在参与约束条件限制下，企业追求自身利益最大化，使得参与约束（IR）向高值方向发展；而政府为减轻自身财政压力，使其向低值方向发展。综合得参与约束（IR）为：

$$p(Q_0+k\ln e)+S_0+\beta Q[n_1(qe-q_0e_0)+n_2(ae-a_0e_0)]-C_0-\frac{1}{2}ce^2-\frac{1}{2}\rho\beta^2\sigma^2=\overline{Y} \tag{6-31}$$

企业根据政府的激励补贴措施选择努力程度 e，一方面降低自身成本，另一方面获得更多补贴，从而实现自身利益最大化。此时努力程度 e 取极大值，因此可以将 IC 公式转化为 e 的表达式，并求一阶导。

$$e\in\arg\max Y=p(Q_0+k\ln e)+S_0+\beta Q[n_1(qe-q_0e_0)+n_2(ae-a_0e_0)]-C_0-\frac{1}{2}ce^2-\frac{1}{2}\rho\beta^2\sigma^2 \tag{6-32}$$

$$\frac{\partial Y}{\partial e}=\frac{pk}{e}+\beta(n_1q+n_2a)-ce=0 \tag{6-33}$$

$$\frac{\partial^2 Y}{\partial^2 e}=-c<0 \tag{6-34}$$

求解得到：

$$e=\frac{pk+\beta(n_1q+n_2a)}{c} \tag{6-35}$$

则激励相容约束（IC）为：

$$e=\frac{pk+\beta(n_1q+n_2a)}{c} \tag{6-36}$$

通过以上分析，政府与企业间的委托—代理模型进一步转化为：

$$\max E(X)=p(Q_0+ke)+qe-S_0-\beta Q[n_1(qe-q_0e_0)+n_2(ae-a_0e_0)]$$

s. t. （IR）

$$p(Q_0+ke)+S_0+\beta Q[n_1(qe-q_0e_0)+n_2(ae-a_0e_0)]-C_0-\frac{1}{2}ce^2-\frac{1}{2}\rho\beta^2\sigma^2=\overline{Y}$$

（IC）

$$e=\frac{pk+\beta(n_1q+n_2a)}{c} \tag{6-37}$$

企业的行为需要达到一定程度才能在最低补贴的基础上获得激励补贴。对以上模型构建拉格朗日函数：

$$\begin{aligned}L(\beta)=&p(Q_0+ke)+qe-S_0-\beta Q[n_1(qe-q_0e_0)+n_2(ae-a_0e_0)]+\\&\lambda[p(Q_0+ke)+S_0+\beta Q[n_1(qe-q_0e_0)+n_2(ae-a_0e_0)]-\\&C_0-\frac{1}{2}ce^2-\frac{1}{2}\rho\beta^2\sigma^2]\end{aligned} \tag{6-38}$$

将 $e=\frac{pk+\beta(n_1q+n_2a)}{c}$ 代入式（6-38），并对函数 $L(\beta)$ 求关于 β 的一阶导数。考虑到计算便捷性，假设努力程度与页岩气产量之间的关系系数 k，和努力程度与社会效益产出之间的相关系数 q 相等，即 $k=q$，当 $\lambda=1$ 时，

$$\beta=\frac{(n_1q+n_2a)(pq+1)}{(n_1q+n_2a)^2+\rho c\sigma^2} \tag{6-39}$$

可以看出：可变补贴激励强度系数 β 与企业的努力成本系数 c 成反比，说明企业在发挥同等的运营效果时，付出的运营成本越低，所获得的可变补贴激励额越多。对于风险规避者而言，风险规避性越大，ρ 值越低，则 β 越大，获得的补贴额越多。外生随机变量的方差标准值 σ^2 越大，说明外生随机性越不稳定，σ^2 越大，则 β 越小，获得的补贴额越少。页岩气的价格也会引起可变补贴激励强度系数的同向变动，页岩气价格 p 越高，β 越大，补贴额度越大。值得注意的是，社会效益 q 与资源禀赋及开采条件 a 对可变补贴激励系数的影响较为复杂，无法直接确定是正向还是反向，具体分析可见本章第四节“三、案例分析”。

第四节　基于区块资源禀赋及开采条件的页岩气开发补贴额确定

在页岩气开发补贴额度的测算过程中，社会效益产出系数 q 和资源禀赋及开采条件 a 对可变补贴激励强度系数 β 的确定，以及对补贴模型测算

结果的准确可靠性有着非常关键的作用。若取值不合理，一方面可能会导致企业的投资收益不达标甚至出现资金缺口，另一方面也可能因获得补贴过多出现企业超额获益、政府财政压力过大的现象。所以在页岩气开发补贴测算过程中，要根据实际情况进行社会效益产出系数 q 和资源禀赋及开采条件 a 的合理评价，从而确定可变补贴激励系数 β，为确保企业和政府效益提供合理的补贴额度设计参考。

一、资源禀赋及开发条件 a 值的确定

差异化补贴的基本思路是根据页岩气区块特征的差异化来划分补贴水平，因此有必要分析资源条件与补贴额度之间的关系。资源禀赋和开采条件是一个定性指标，有成熟的方法和结论可供参考（Sohail，2022），在此基础上，我们对这个关键参数进行具体化和量化。资源禀赋及开采条件 a 的确定采用专家打分法。评价指标综合考虑页岩气地质条件、压裂工程条件和地面条件，关键指标参考郭秀英等（2015）筛选的页岩气选区评价中的12项指标。然后利用能反映选区评价主控因素的权重及其对应的参数得到选区的评分值，通过评分值的结果及判断标准来评价选区的优劣。

1. 区块的选择

从页岩气开发区平面来看，目前仅在四川盆地内的涪陵、长宁—威远和昭通等页岩气田获得商业开采。纵向层位的气层表现也有众多学者进行了总结。目前，国内页岩气勘探开发层系主要为集中在五峰组—龙马溪组下部气层（Xie等，2019）。本书以五峰组—龙马溪组为例，针对平面上区块的划分，结合纵向上的勘探层系，确定五个评价单元，分别为A、B、C、D、E。

2. 数据列举

五个评价单元的12项指标数据见表6-1。

3. 权重确定

参考最常用的主观与客观权重确定方法，也就是层次分析法与熵值法对各评价指标的权重进行综合判定。步骤主要分为以下几步：

表 6-1　待评价页岩气区块的评价指标数据

	指标	单位	A	B	C	D	E
资源禀赋条件	TOC	%	1.8	2.5	3	2.64	3.18
	Ro	%	2.5	2.5	2.2	2.59	2.73
	孔隙度	%	0.25	1.0	1.7	6.5	2.3
	页岩厚度	米	80	40	50	68	84
	含气量	立方米/吨	0.66	1.22	2	6	3
	脆性矿物含量	%	8	13	27	40	10
	目的层埋深	米	2000	3000	1500	3000	2500
	断层类型	中型	小型	小型	小型	小型	
	地层压力系数	1.0~1.1	1.4~1.5	1.2~1.4	1.9~2.1	1.1~1.2	
	盖层厚度，米	80~100	140~160	90~110	160~190	120~140	
开采条件	地形坡度	°	17~25	12~17	12~22	10~15	10~15
	天然气管网设施		较少	较全	较全	较全	较全

资料来源：笔者根据文献郭旭升等（2016）、金之钧等（2016）、邱振等（2017）、雍锐等（2020）整理。

（1）改进层次分析法确定主观权重。依据选定的 12 项页岩气选区评价指标，构建层次结构模型。通过调查问卷形式邀请 20 个有丰富经验或理论知识的专家对 12 项指标两两比较对指标的相对重要性进行判断，并用（0，1，2）3 标度法建立比较矩阵（见表 6-2），然后根据式（6-40）、式（6-41）通过极差法将比较矩阵转化为判断矩阵（见表 6-3）。该判断矩阵能够完全满足一致性检验的要求，此时判断矩阵最大特征值所对应的归一化特征向量为各指标的权重（周红和朱芳冰，2018；蒋官澄等，2011）。

$$r_i = \sum_{j=1}^{n} u_{ij} \tag{6-40}$$

$$b_{ij} = b_s\left(\frac{\Delta r_{ij}}{R}\right) \tag{6-41}$$

式（6-40）、式（6-41）中，u_{ij} 为比较矩阵的元素；r_i 为第 i 个方案 n 个比较矩阵元素之和；b_{ij} 为判断矩阵的元素；b_s 为极差元素对的相对重要程度的数值，常取 $b_s=9$；Δr_{ij} 为第 i 个和第 j 个比较矩阵元素和的差值；R 为极差，$R=r_{max}-r_{min}$，$r_{max}=\max(r_1, r_2, \cdots, r_n)$，$r_{min}=\min(r_1, r_2, \cdots,$

r_n）。规范化后的数据和各指标主观权重分别见表 6-4、表 6-5。

表 6-2 比较矩阵

因子	TOC	Ro	孔隙度	页岩厚度	含气量	脆性矿物含量
TOC	1	2	2	0	2	2
Ro	0	1	2	0	0	2
孔隙度	0	0	1	0	0	2
页岩厚度	2	2	2	1	2	2
含气量	0	2	0	2	1	2
脆性矿物含量	0	0	0	0	0	1
目的层埋深	0	0	0	0	0	0
断层类型	0	0	0	0	0	0
地层压力系数	0	0	0	0	0	0
盖层厚度	0	0	0	0	0	0
地形坡度	0	0	0	0	0	0
管网设施	0	0	0	0	0	0

因子	埋深	断层类型	地层压力系数	盖层厚度	地形坡度	管网设施
TOC	2	2	2	2	2	2
Ro	2	2	2	2	2	2
孔隙度	2	2	2	2	2	2
页岩厚度	2	2	2	2	2	2
含气量	2	2	2	2	2	2
脆性矿物含量	2	2	2	2	2	2
目的层埋深	1	2	2	2	2	2
断层类型	0	1	2	2	2	2
地层压力系数	0	0	1	2	2	2
盖层厚度	0	0	0	1	2	2
地形坡度	0	0	0	0	1	2
管网设施	0	0	0	0	0	1

表 6-3 判断矩阵

因子	TOC	Ro	孔隙度	页岩厚度	含气量	脆性矿物含量
TOC	Ro	2.6553	4.3267	0.6137	1.6295	7.0504
Ro	0.3766	1.0000	0.2311	1.6295	0.6137	0.1418
孔隙度	0.2311	0.6137	1.0000	0.1418	0.3766	1.6295
页岩厚度	1.6295	4.3267	7.0504	1.0000	2.6553	11.4887
含气量	0.6137	1.6295	2.6553	0.3766	1.0000	4.3267
脆性矿物含量	0.1418	0.3766	0.6137	0.0870	0.2311	1.0000
目的层埋深	0.0870	0.2311	0.3766	0.0534	0.1418	0.6137
断层类型	0.0534	0.1418	0.2311	0.0328	0.0870	0.3766
地层压力系数	0.0328	0.0870	0.1418	0.0201	0.0534	0.2311
盖层厚度	0.0201	0.0534	0.0870	0.0123	0.0328	0.1418
地形坡度	0.0123	0.0328	0.0534	0.0076	0.0201	0.0870
管网设施	0.0076	0.0201	0.0328	0.0046	0.0123	0.0534

因子	埋深	断层类型	地层压力系数	盖层厚度	地形坡度	管网设施
TOC	11.4887	18.7208	30.5054	49.7086	81.0000	131.9894
Ro	0.0870	0.0534	0.0328	0.0201	0.0123	0.0076
孔隙度	2.6553	4.3267	7.0504	11.4887	18.7208	30.5054
页岩厚度	18.7208	30.5054	49.7086	81.0000	131.9894	215.0764
含气量	7.0504	11.4887	18.7208	30.5054	49.7086	81.0000
脆性矿物含量	1.6295	2.6553	4.3267	7.0504	11.4887	18.7208
目的层埋深	1.0000	1.6295	2.6553	4.3267	7.0504	11.4887
断层类型	0.6137	1.0000	1.6295	2.6553	4.3267	7.0504
地层压力系数	0.3766	0.6137	1.0000	1.6295	2.6553	4.3267
盖层厚度	0.2311	0.3766	0.6137	1.0000	1.6295	2.6553
地形坡度	0.1418	0.2311	0.3766	0.6137	1.0000	1.6295
管网设施	0.0870	0.1418	0.2311	0.3766	0.6137	1.0000

表 6-4　规范化后的数据

区块	TOC	Ro	孔隙度	页岩厚度	含气量	脆性矿物含量
A	0.0000	0.3651	0.0000	0.8077	0.0000	0.0000
B	0.5072	0.3651	0.1200	1.0000	0.1049	0.1563
C	0.8696	0.8413	0.2320	0.8077	0.6629	0.5938
D	0.7000	0.2222	1.0000	0.0000	1.0000	1.0000
E	1.0000	0.0000	0.3280	0.8846	0.5880	0.0625
区块	埋深	断层类型	地层压力系数	盖层厚度	地形坡度	管网设施
A	0.5000	0.8000	1.0000	0.0000	0.0000	0.2000
B	1.5000	0.2000	0.5909	0.7500	1.0000	0.8000
C	0.0000	0.2000	0.7273	0.1250	0.2500	0.8000
D	1.5000	0.2000	0.0000	1.0000	1.0000	0.8000
E	1.0000	0.2000	0.8636	0.5000	0.6250	0.8000

表 6-5　各指标主观权重

评价指标	TOC	Ro	孔隙度	页岩厚度	含气量	脆性矿物含量
权重	0.1596	0.0579	0.0895	0.1332	0.2756	0.0579
评价指标	埋深	断层类型	地层压力系数	盖层厚度	地形坡度	管网设施
权重	0.0195	0.0895	0.0718	0.0228	0.0113	0.0113

（2）熵值法确定客观权重。根据第三章绩效评价中的熵值法计算各指标的客观权重，见表 6-6。含气量指标权重最大，有机碳含量权重次之。这是因为所选 5 个评价区块的含气量差异最大，有机碳含量指标次之。断层类型、盖层厚度、埋深等保存条件的重要程度相当于开采条件的重要程度。

表 6-6　各指标客观权重

评价指标	TOC	Ro	孔隙度	页岩厚度	含气量	脆性矿物含量
权重	0.1128	0.0270	0.0869	0.1026	0.1929	0.0279
评价指标	层埋深	断层类型	地层压力系数	盖层厚度	地形坡度	管网设施
权重	0.0525	0.0871	0.0836	0.0849	0.0549	0.0871

（3）综合权重确定。设定以改进层次分析法确定的主观权重为 w_{z1}，w_{z2}，…，w_{z12}；以熵值法确定的客观权重为 w_{k1}，w_{k2}，…，w_{k12}。综合权重确定方法见式（6-42），结果见表 6-7。

$$w_j = \frac{w_{zj}w_{kj}}{\sum_{j=1}^{n} w_{zj}w_{kj}}(j = 1, 2, \cdots, 12) \tag{6-42}$$

表 6-7　各指标综合权重

评价指标	TOC	Ro	孔隙度	页岩厚度	含气量	脆性矿物含量
权重	0. 1576	0. 0137	0. 0679	0. 1197	0. 4659	0. 0142
评价指标	埋深	断层类型	地层压力系数	盖层厚度	地形坡度	管网设施
权重	0. 0089	0. 0683	0. 0526	0. 0169	0. 0054	0. 0086

（4）计算灰色关联度和欧氏距离。首先将原始数据进行规范化处理（结果见表 6-8）；其次将规范化后的指标数据与相应的各指标综合权重相乘，求得加权规范化矩阵；最后求取加权规范化矩阵的正、负理想解（见表 6-9）。各区块指标正、负理想解的灰色关联度和欧氏距离计算见式（6-43）至式（6-50）。

$$R^+ = (r_{ij}^+)_{m\times n} \tag{6-43}$$

$$R^- = (r_{ij}^-)_{m\times n} \tag{6-44}$$

式（6-43）、式（6-44）中，

$$r_{ij}^+ = \frac{\min|z_j^+ - z_{ij}| + \rho\max|z_j^+ - z_{ij}|}{|z_j^+ - z_{ij}| + \rho\max|z_j^+ - z_{ij}|} \tag{6-45}$$

$$r_{ij}^- = \frac{\min|z_j^- - z_{ij}| + \rho\max|z_j^- - z_{ij}|}{|z_j^- - z_{ij}| + \rho\max|z_j^- - z_{ij}|} \tag{6-46}$$

式（6-45）、式（6-46）中，$|z_j^+ - z_{ij}|$和$|z_j^- - z_{ij}|$表示正理想解与样本的绝对差值，以及负理想解与样本的绝对差值，$\min|z_j^+ - z_{ij}|$为最小差。ρ 为分辨系数，取 0. 5。

各区块与正、负理想解的灰色关联度 r_i^+ 和 r_i^-：

$$r_i^+ = \frac{1}{n}\sum_{j=1}^{n} r_{ij}^+ \tag{6-47}$$

$$r_i^- = \frac{1}{n}\sum_{j=1}^{n} r_{ij}^- \qquad (6-48)$$

各区块与正、负理想解的欧氏距离 d_i^+ 和 d_i^-：

$$d_i^+ = \sqrt{\sum_{j=1}^{n}(z_{ij} - z_j^+)^2} \qquad (6-49)$$

$$d_i^- = \sqrt{\sum_{j=1}^{n}(z_{ij} - z_j^-)^2} \qquad (6-50)$$

表 6-8 加权规范化数据

区块	TOC	Ro	孔隙度	页岩厚度	含气量	脆性矿物含量
A	0.0000	0.0050	0.0000	0.0967	0.0000	0.0000
B	0.0799	0.0050	0.0081	0.1197	0.0489	0.0022
C	0.1370	0.0115	0.0158	0.0967	0.3089	0.0084
D	0.1103	0.0030	0.0679	0.0000	0.4659	0.0142
E	0.1576	0.0000	0.0223	0.1059	0.2740	0.0009
区块	埋深	断层类型	地层压力系数	盖层厚度	地形坡度	管网设施
A	0.0045	0.0546	0.0526	0.0000	0.0000	0.0017
B	0.0134	0.0137	0.0311	0.0127	0.0054	0.0069
C	0.0000	0.0137	0.0383	0.0021	0.0014	0.0069
D	0.0134	0.0137	0.0000	0.0169	0.0054	0.0069
E	0.0089	0.0137	0.0454	0.0085	0.0034	0.0069

表 6-9 加权规范化数据的正负理想解

指标	TOC	Ro	孔隙度	页岩厚度	含气量	脆性矿物含量
正理想解	0.1212	0.0758	0.1153	0.1334	0.1231	0.1126
负理想解	0	0	0	0	0	0
指标	目的层埋深	断层类型	地层压力系数	盖层厚度	地形坡度	管网设施
正理想解	0.0873	0.0636	0.0643	0.0743	0.0429	0.0339
负理想解	0	0	0	0	0	0

（5）计算相对贴近度。对灰色关联度和欧氏距离进行无量纲处理，见式（6-51）至式（6-54），然后根据式（6-55）、式（6-56）、式（6-57）计算相对贴近度，结果见表 6-10。

表 6-10　无量纲处理的灰色关联度、欧氏距离及相对贴近度

区块	A	B	C	D	E
正理想解灰色关联度	0.1002	0.6544	0.6437	1.0000	0.7102
负理想解灰色关联度	1.0000	0.8180	0.8149	0.1235	0.8755
正理想解欧氏距离	1.0000	0.8784	0.8126	0.1127	0.9084
负理想解欧氏距离	0.1100	0.4861	0.5576	1.0000	0.4224
相对贴近度	0.1984	0.4020	0.4247	0.8944	0.6349

$$R_i^+ = \frac{r_i^+}{\max r_i^+} \tag{6-51}$$

$$R_i^- = \frac{r_i^-}{\max r_i^-} \tag{6-52}$$

$$D_i^+ = \frac{d_i^+}{\max d_i^+} \tag{6-53}$$

$$D_i^- = \frac{d_i^-}{\max d_i^-} \tag{6-54}$$

R_i^+ 和 R_i^- 分别是各区块与正、负理想解的关联度进行无量纲化后的值，D_i^+ 和 D_i^- 分别为欧氏距离无量纲化后的值。

$$T_i^+ = \theta_1 R_i^+ + \theta_2 D_i^- \tag{6-55}$$

$$T_i^- = \theta_1 R_i^- + \theta_2 D_i^+ \tag{6-56}$$

$$C_i^+ = \frac{T_i^+}{T_i^+ + T_i^-} \tag{6-57}$$

根据相对贴近度的计算结果对页岩气区块资源禀赋及开采条件 a 进行确定。相对贴近度反映待评价区块与正负理想解的接近程度，C_i^+ 值越高，代表待评价页岩气区块指标越贴近理想值，资源禀赋及开采条件 a 的分值越大，区块越优；C_i^+ 值越小，代表待评价页岩气区块指标越贴近负理想解，区块资源禀赋及开采条件越差。

用分段函数表示资源禀赋及开采条件 a 与相对贴近度 C_i^+ 间的关系，见式（6-58）。可变补贴激励强度系数需要根据具体的 a 值的不同进行判断，这与本书提出的公平差异化补贴思想基本一致。

$$a=\begin{cases}1, & C_i^+\leqslant 0.2\\ \dfrac{5}{3}C_i^+-\dfrac{4}{3}, & 0.2<C_i^+<0.8\\ 0, & C_i^+\geqslant 0.8\end{cases}\tag{6-58}$$

本书根据 a 值将区块划分为四种类型：黄金型、朝阳型、潜力型、夕阳型。

1）黄金型区块是资源禀赋及开采条件极好的区块。表现为相对贴近度越大（$C_i^+>0.8$），如 D 区块。虽然涪陵五峰组—龙马溪组已取得页岩气勘探开发商业性突破，结合前文分析及大量学者的经济可行性研究，该类条件的页岩气区块产量效益颇丰，即使不获得政府补贴，也能轻松盈利。因此，本书简单假设资源禀赋及开采条件 $a=0.8$ 时，作为采取可变补贴的门槛。

2）朝阳型区块是资源条件极好但开发条件差的区块或资源条件一般但开采条件极有利的区块，表现为相对贴近度 $0.5<C_i^+<0.8$，如 E 区块。此类区块资源禀赋条件好，但开采难度大，若大规模开展工作，由于技术水平及设备的升级，即使有效益产出，开采成本也会急剧增加，企业将缺乏开采积极性，因此页岩气产量无法得到保证。

3）潜力型区块为资源禀赋及开采条件好的区块，表现为相对贴近度 $0.2<C_i^+<0.5$，如 B 区块、C 区块。该类区块说明页岩气勘探开发极有可能取得突破，但由于目前产量低，开发商进行投资开发的积极性普遍不高。应注重开采技术的研究并整合规范化管理模式来降低成本，从而达到商业化开采的目的。

4）夕阳型区块的资源禀赋及开采条件不太理想，表现为相似贴近度 $C_i^+<0.2$，如 A 区块。资源条件贫瘠，开发条件难度高导致该区块无法产生较高的收益，此类区块可不进行过多补贴。不过多补贴并不意味着要放弃该类型页岩气区块，政府可将资金挪到更能发挥补贴效率的地方去，比如，完善基础地质数据、工程资料，并以此来推进我国页岩气勘探进程，建议

投入少量工作量或延缓勘探开发工作。因此，本书假设资源禀赋及开采条件 $a<0.2$，作为可变补贴的资源禀赋及开采条件下限。

综上，朝阳型区块与潜力型区块是页岩气产量增产的有力保障，也是政府补贴的重点对象。政府可通过适当的可变补贴力度使得资金发挥最大补贴效率的同时，最大化刺激页岩气企业投资开发的积极性，通过增产增效的方式使企业获得更优收益，使政府获得期望的更大社会效益。

二、社会效益产出系数分析及确定

在页岩气开发早期阶段，项目是否可行依赖于从企业角度进行的经济评价。但是页岩气项目作为一个超大型项目，其社会效益不容忽视，由于社会效益涵盖范围广、难以量化，目前的研究主要用定性的方法，集中在对当地居民、能源安全和环境的影响分析上。

现阶段，就页岩气开采效益而言，国内外学者主要从能源安全、社会效益和环境效益三个角度来进行讨论。第一，美国决定大规模发展页岩气的初衷是实现国家能源安全，这也被众多学者用来衡量页岩气的开采效益（Krupnick 等，2014）。Lu 等（2016）采用仿真思想，对我国天然气供应系统的运行方式进行模拟，认为供应来源对整个天然气供应系统的安全性最为重要。黎江峰等（2020）通过筛选影响因子，构建了我国天然气安全程度评价模型的指标体系，并采用 PSO-ELM 模型预测了到 2035 年不同情境下中国天然气安全指数，认为页岩气开发对能源安全具有一定的正向效益。第二，社会效益是着眼于人类自身，探讨发展页岩气产业对人类社会造成的影响。对居民的影响主要分析其健康、就业、收入方面。Paredes 等（2015）基于不同页岩气区块的产量进行了研究，认为页岩气产业的发展能够改善当地居民的就业率，提升就业水平，也能增加地方政府的税收收入，从而促进当地经济正向增长。张鹏和林科君（2014）采用调查问卷的形式对四川投产的天然气井周边居民进行调查，采用模糊综合评价法对数据进行了定量分析。第三，环境效益指的是页岩气对人类和自然环境的有利影响。随着我国对环境保护的要求越来越高，双碳目标的提出及日益凸显的生态效益，在页岩气项目的评价上也引入了生态评价（张春葆，2023）。有学者认为，开采页岩气会造成大量的水资源浪费，也会增加温室气体的排放，开采过程中还会由于钻井液的侵入引发污染地下水等问题（Rahm 等，2015；Yu 等，2018）。Eugenia（2018）在考虑罗马尼亚地区页岩气开采的经济后果、社会后果和环境后果的基础上进行成本效益分析，利用敏感性分析发现用水量和废水处理会有巨大成本。孔朝阳等（2018）采用能源投入回报法，研究了页岩气开发带来的能源效率和温室气体排放的影响，考虑了全生命周期内对温室气体排放的治理投入，计算了能源投入回报。彭民等（2016）对页岩气开发引起的环境问题做了阐述，认为造成的环境影响是长期且隐蔽的，存在一定的空间差异具有区域性的特点，并提出制定环境政策时应考虑的准则。综上，由于页岩气开采对生态造成的影响涉及面广且较为复杂，目前对生态的影响研究多为温室气体等方面的定性分析和定量计算。

随着我国页岩气开发爆发式的发展，国内对页岩气开发项目的评价内容也逐步全面化、广泛化。随着页岩气产量在天然气中的比例不断上升，社会效益也日益突出。现有研究成果也集中在生态破坏、水资源污染、能源安全的问题。尽管页岩气开采需要牺牲开采地区的环境，但是就整个国家乃至世界来看，页岩气作为新型清洁能源，其开采还是有利于环境发展的（苑晓辉，2016；Calderon 等，2018；Mallapragada 等，2018）。

因此，本书的社会效益的产出系数 q，主要考虑社会收益，可从环境效益 R_1、增加税收 R_2、就业收益 R_3、能源安全效益 R_4 四个方面考虑，计算每立方米页岩气产生的收益（$q=R_1+R_2+R_3+R_4$）。

1. 环境效益 R_1

基于前人研究，从温室气体排放量入手（中国页岩气埋藏较深，开采过程对水的污染暂不考虑），取美国甲烷泄漏平均值（约 5.75%），计算页岩气开采过程中环境收益。计算方法见式（6-59）、式（6-60）。

$$Q_{CO_2}=Q\times(KP_{CO_2}+KU_{CO_2}) \tag{6-59}$$

$$Q_{CH_4}=Q\times KP_{CH_4} \tag{6-60}$$

式（6-59）、式（6-60）中，Q_{CO_2} 代表页岩气开发利用整个生命周期中总二氧化碳排放量，Q_{CH_4} 代表甲烷排放量，Q 代表页岩气生产量，KP_{CO_2} 代表 1 立方米页岩气产生的二氧化碳。页岩气热值为 38 兆焦/立方米，二氧化碳为 1946 克/立方米，$KPCO_2$ 约 0.373①。同理，$KUCO_2$ 约 1，KP_{CH_4} 取 5.75%。

在相同质量条件下，甲烷的温室效应约为二氧化碳的 25 倍。因此，温室气体污染造成的损失如下：

$$CG_g = P_{CO_2} \times (Q_{CO_2} + K_{CH_4-CO_2} \times Q_{CH_4}) \tag{6-61}$$

式（6-61）中，CG_g 表示页岩气开采温室气体造成的损失，即环境成本；$K_{CH_4-CO_2}$ 表示转换系数。由甲烷和二氧化碳的分子量可得，$K_{CH_4-CO_2}$ 约 9.1。中国二氧化碳排放费约 0.05 元/立方米②。

开采页岩气的总体环境效益应如下：

$$E = P_{CO_2} \times (r_c \times Q) \times K_{gas-coal} \times K_{coal-CH_4} \times K_{CH_4-CO_2} + P_{CO_2} \times (r_c \times Q) \times K_{gas-coal} \times K_{coal-CO_2} \tag{6-62}$$

$$R_1 = \frac{(E - CGg)}{Q} \tag{6-63}$$

式（6-62）、式（6-63）中，E 代表综合环境效益，包括因生产页岩气减少甲烷与二氧化碳的环境效益；R_1 代表每立方米页岩气的环境效益。$K_{gas-coal}$ 代表相同热值下页岩气与煤的转化率。煤热值为 27.3 兆焦/千克，$K_{gas-coal}$ 为 1.39③。$K_{coal-CH_4}$ 代表在煤炭开采过程中，生产 1 千克煤炭的 CH_4 的泄漏量。$K_{coal-CH_4}$ 为 0.01，燃烧 1 千克煤产生 1.31 千克二氧化碳，每立方米二氧化碳重 1.946 千克④。因此，$K_{coal-CO_2}$ 为 0.67。燃烧 1 千克煤约产生 0.034 千克二氧化硫，由于 21%的散煤排放废气未得到处理，所以 $K_{coal-CH_4}$ 是 0.034×21%=0.007。二氧化硫平均成交价为 6500 元/吨，P_{SO_2} 为 6.5 元/千克⑤。

综上，化简得：

$$R_1 = r_c \times [P_{CO_2} \times K_{gas-coal} \times (K_{coal-CO_2} + K_{coal-CH_4} \times K_{CH_4-CO_2}) + P_{SO_2} \times K_{gas-coal} \times K_{coal-SO_2} -$$

① 徐博．考虑甲烷减排技术的页岩气开发能源投入回报研究——以宾夕法尼亚 Marcellus 页岩区为例［D］．中国石油大学（北京）博士学位论文，2017.

② Jing C, Chunbo H, Xintao G, et al. Can Forest Carbon Sequestration Offset Industrial CO_2 Emissions? A Case Study of Hubei Province, China［J］. Journal of Cleaner Production, 2023, 426.

③ 胡颖．煤化学链燃烧中铁基载氧体积碳的生成和抑制研究［D］．内蒙古大学硕士学位论文，2021.

④ Miller S M, Michalak A M, Detmers R G, et al. China's Coal Mine Methane Regulations have not Curbed Growing Emissions［J］. Nature Communications, 2019, 10 (303).

⑤ 数据来源：陕西省环境权交易所官网。

$$P_{CO_2}\times(KP_{CO_2}+KU_{CO_2}+KP_{CH_4}\times K_{CH_4-CO_2})]\tag{6-64}$$

式（6-64）中，R_1 表示每立方米页岩气的环境效益；r_c 表示页岩气的商品率，设为95%。1立方米页岩气环境效益为0.164元/立方米。

2. 增加税收 R_2

我国页岩气开发项目所缴纳税收主要包括增值税 r_1、资源税 r_2、城市建设税 r_3、教育税附加 r_4 及所得税 r_5。其中增值税和资源税是以销售收入为计算依据的。城市建设税和教育税附加计算依据则是增值税缴纳金额。企业所得税按企业当年的利润计算。计算公式如下：

$$R_2=pQ\times(r_1+r_2)\times pQ\times r_1\times(r_3+r_4)+(pQ+sQ-dQ-C)\times r_5$$

参考重庆涪陵区块与四川威远区块2016年项目资金流量数据，单位产量页岩气的税收计算见表6-11。

表6-11 每立方米页岩气产量税收 单位：元/立方米

区块 \ 税收类型	增值税	资源税	建设税	教育税附加	所得税	总计
涪陵	0.18	0.084	0.013①	0.0004	0.126	0.403
威远	0.18	0.084	0.0009②	0.0004	0.081	0.346

注：各项税率为：增值税9%，资源税4.2%，建设税7%或5%，教育税附加2%，所得税15%。

资料来源：笔者根据企业财务数据整理。

由表6-11可知，涪陵区块页岩气开发税收总额 R_2 为0.403元/立方米，威远区块 R_2 为0.346元/立方米。

3. 就业收益 R_3

页岩气开发为当地创造了一些就业机会，从而减少了政府对失业者的社会补贴。鉴于我国对油气的高度依赖，这里认为页岩气开发对于岗位的创造不会导致国内油气岗位的减少。因此，假设页岩气的开发直接增加了就业岗位的数量；若没有页岩气生产，页岩气工人将失业。就业收益计算

① 涪陵区块建设税为7%。
② 威远区块建设税为5%。

公式如下：

$$R_3 = P_{jobless} \times N_{job} \quad (6-65)$$

式（6-65）中，R_3 代表1立方米页岩气产生的就业收益，也是政府节省的失业补贴；$P_{jobless}$ 代表失业补贴数额；N_{job} 代表每立方米页岩气所提供的工作岗位数量，根据中石化数据，页岩气开采产生的就业岗位为2～4人/立方米。重庆市失业补助标准为每人1050元/月，R_3 约为0.021元/立方米；四川威远县失业补助标准为每人264元，$R_3=0.005$ 元。

4. 能源安全效益 R_4

众所周知，面对天然气日益激增的进口占比，为确保能源安全，我国需增加战略石油储备保障。此处借鉴罗东坤和夏良玉（2009）提出的煤层气开发对能源安全贡献的算法，计算每立方米页岩气产生的能源安全效益 R_4：

$$R_4 = \frac{K_{gas-oil} \times K}{T} \times P \quad (6-66)$$

式（6-66）中，$K_{gas-oil}$ 表示页岩气与原油热值转换系数，约为 8.16×10^4 吨/立方米；T 表示储备设施的使用年限，约40年；K 表示石油储备工作的平均持续时间，约90天；P 代表储存1吨石油的成本，约1450元/吨。因此，R_4 约为0.007元/立方米。

综上，页岩气开采的社会收益包括环境效益 R_1、增加税收 R_2、就业收益 R_3 和能源安全效益 R_4。因此，页岩气开发的总社会收益为：

$$q = R_1 + R_2 + R_3 + R_4 \quad (6-67)$$

经测算，重庆涪陵区块页岩气开发的社会效益产出系数 $q=0.595$ 元/立方米。同理，四川威远区块 $q=0.522$ 元/立方米。

三、案例分析

1. 项目概况

本部分沿用第三章补贴绩效评价中重庆涪陵区块与四川威远区块页岩气项目。考虑到单井的经济寿命一般为20～30年，包括建设期和运营期。根据实际案例情况，设定建设期为3年，运营期为17年。本书对2013～2020年项目现金流量相关实际发生数取值，对2021年及以后的现金流量相关指标在参照2013~2020年平均水平基础上，综合考虑相关影响因素进行合理预测。政府补贴期为运营期17年，项目实际政府补贴以《关于页岩气开发利用财政补贴政策的通知》为依据进行计算。项目建设投资、产量、出厂价格、递减率、评价期、税费水平、操作成本、折旧耗损等关键参数需要结合项目实例和产业政策预期进行综合确定，结合实例分析校验关键参数，不断优化评价模型。例如，项目所属企业享受西部大开发税收优惠政策，2014~2020年企业所得税税率为15%。2021年及以后所得税按25%计算。项目其他参数见表6-12。

表6-12　页岩气开发项目参数

项目名称	单位	项目值
项目年限	年	20
建设期	年	3
运营期	年	17
年生产天数	天	330
商品率	%	95
固定资产残值	%	0
折旧方法	—	年限平均法
折旧、摊销年限	年	10
增值税	%	9
城市维护建设税	%	涪陵7%，威远5%
教育税附加	%	2
资源税	%	4.2
公司所得税	%	2021年前为15%，年后为25%

资料来源：笔者根据内部资料整理。

（1）区块资源禀赋及开采条件。首先对研究区块五峰组—龙马溪组页岩样本数据进行多口径的文献统计，具体地质参数与开采条件参数见表6-13。

表 6-13 区块资源禀赋及开采条件及各指标数据

条件	评价指标	单位	涪陵区块	威远区块
资源禀赋条件	有机碳含量	%	2.54	3
	有机质成熟度	%	2.59	1.95
	孔隙度	%	4.52	5.9
	页岩厚度	米	68	46
	含气量	立方米/t	4.74	2.3
	脆性矿物含量	%	56.65	73
	目的层埋深	米	2000	2800
	断层类型	—	小型	小型
	地层压力系数	—	1.55	1.96
	盖层厚度	米	175	90
开采条件	地形坡度	°	15	15
	天然气管网设施	—	较全	较全

注：此处的页岩厚度指的是五峰组—龙马溪组地层的厚度均值。

资料来源：笔者根据文献范增辉（2019）、倪楷等（2021）、郑马嘉等（2019）、蔡进等（2019）整理。

按照上述确定相对贴近度的方法计算该方案的最终相对贴近度（见表 6-14），可知涪陵区块相对贴近度为 0.8944，威远区块相对贴近度为 0.5150。根据分段函数式（6-58）计算得涪陵区块及威远区块资源禀赋及开采条件值分别为 0 和 0.525。

表 6-14 无量纲化处理的灰色关联度、欧氏距离及相对贴近度

区块	无量纲正理想解灰色关联度	无量纲负理想解灰色关联度	无量纲正理想解欧氏距离	无量纲负理想解欧氏距离	相对贴近度
涪陵区块	1.0000	0.1235	0.1127	1.0000	0.8944
威远区块	0.5528	0.8616	0.8189	0.3127	0.5150

（2）单井产量分析。考虑到产量的连续性和页岩气井停产养护等因素，研究对象选取 2014~2019 年开钻，且年均产气天数大于 11 个月的气井。涪陵区块首年页岩气产量为 0.522 亿立方米，第二年达到年产量最高

0.572 亿立方米；威远区块首年页岩气产量为 0.197 亿立方米，同样地，第二年达到年产量最高 0.205 亿立方米。综合众多学者对北美地区五大页岩气田及国内页岩气井产量递减分析成果（周涛，2016；郭建林等，2019），笔者将年递减率按照 65%、45%、37%、25%、15%、10%、9%、8%、7%（第 9 年往后保持该递减水平）来设定，利用页岩气单井逐年递减规律进行未来产量预测，两个区块单井产量预测见图 6-3 和图 6-4。

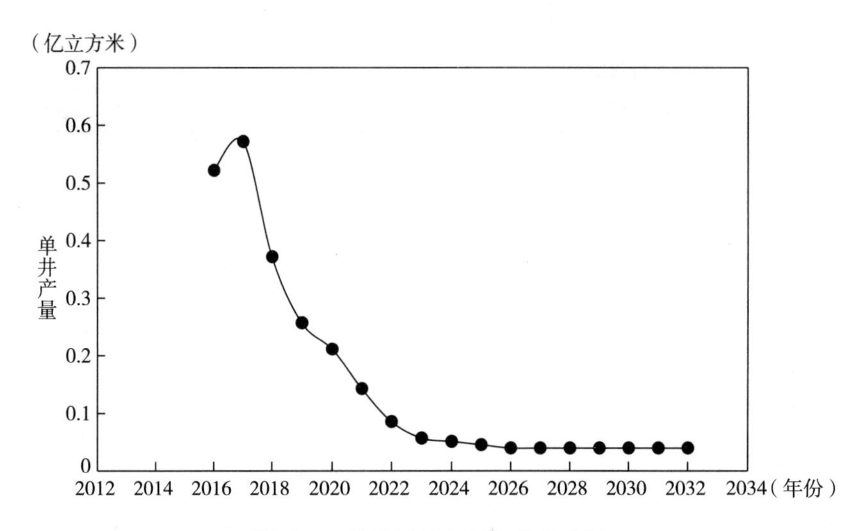

图 6-3　涪陵区块页岩气单井产量

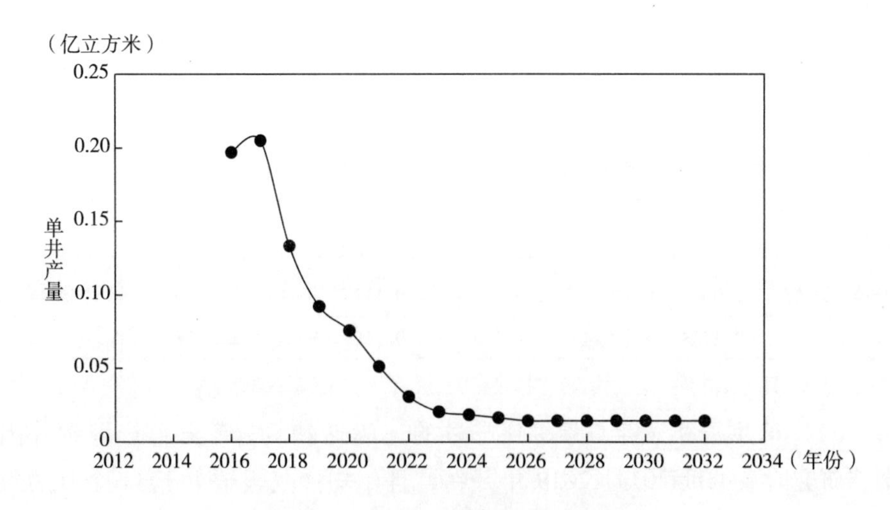

图 6-4　威远区块页岩气单井产量

（3）建设期费用。建设期费用主要包括钻井、压裂、地面工程投资。本书把压裂费用计入钻完井费用中，区块页岩气井具体各项费用支出情况见表 6-15 和表 6-16。涪陵区块页岩气项目在 3 年间钻完井费用为 7890 万元，地面工程及配套设施费用为 3881 万元；威远区块钻完井费用为 7647 万元，地面工程及配套设施费用为 2215 万元。

（4）运营成本。页岩气运营成本主要是页岩气日常生产经营所发生的成本，包括固定成本和变动成本（陈达，2015）。固定成本主要是不随页岩气产量变化而发生变化的成本，如职工工资、日常管理与设备维护费用、折旧损耗等；变动成本为与页岩气产量相关的成本，如材料费、燃料费（袁本祥，2016），此处设定为 0.22 元/立方米（孔令峰等，2015）。

（5）运营收入。运营收入主要考虑页岩气销售收入和政府补贴收入。政府补贴情况见表 6-17。页岩气销售收入由当年投产井产量、当年页岩气的商品率与当年页岩气价格三项相乘得到。

表 6-15　涪陵区块某页岩气井开发项目资金流量表　　单位：万元

年份	建设期费用			运营成本					运营收入
	地面配套建设费	钻完井费	建设费用小计	日常运营、管理费	职工工资	折旧折耗	材料、燃油费	运营成本小计	销售收入
2013	1292	1788	3080	2803	3472	1464		7739.00	
2014	1735	2859	4594	2757	3884	1931		8572.00	
2015	854	3243	4097	2997	3386	1632		8015.00	
2016				2038	3463	1198	1148.40	7957.40	10440
2017				1996	3496	1139	1258.40	7448.96	11440
2018				1679	2938	903	817.96	6086.28	7436
2019				1594	2042	887	566.28	4988.61	5148
2020	—	—		1117	1206	736	465.61	3373.60	4232
2021	—	—		1045	1156	696	314.60	3085.76	2860
2022	—	—		1045	1156	696	188.76	3022.84	1716
2023	—	—		1045	1156	696	125.84	3010.26	1144
2024	—	—		1045	1156	696	113.26	2997.67	1029

续表

年份	建设期费用			运营成本					运营收入
	地面配套建设费	钻完井费	建设费用小计	日常运营、管理费	职工工资	折旧折耗	材料、燃油费	运营成本小计	销售收入
2025	—	—		1045	1156	696	100. 67	2985. 09	915
2026	—	—		1045	1156	696	88. 09	2985. 09	800
2027	—	—		1045	1156	696	88. 09	2929. 59	800
2028	—	—		1045	1156	696	88. 09	2919. 02	800
2029	—	—		1045	1156	696	88. 09	2910. 21	800
2030	—	—		1045	1156	696	88. 09	2905. 81	800
2031	—	—		1045	1156	696	88. 09	2897. 00	800
2032	—	—		1045	1156	696	88. 09	2897. 00	800

资料来源：笔者根据企业内部资料整理。

表 6-16　威远区块某页岩气井开发项目资金流量表　单位：万元

年份	建设期费用			运营成本					运营收入
	地面配套建设费	钻完井费	建设费用小计	日常运营、管理费	职工工资	折旧折耗	材料、燃油费	运营成本小计	销售收入
2013	741	2102	2843	1853	1572	983		4408. 00	
2014	953	2615	3568	1646	1984	1121		4751. 00	
2015	521	2930	3451	1425	1386	998		3809. 00	
2016				1245	1251	870	433. 40	3845. 60	3940
2017				1184	1100	994	451. 00	3589. 74	4100
2018				992	936	713	293. 15	2856. 82	2665
2019				814	816	523	202. 95	2330. 45	1845
2020	—			564	589	325	166. 87	1597. 90	1517
2021	—			564	589	325	112. 75	1549. 94	1025
2022	—			564	589	325	67. 65	1525. 96	615
2023	—			564	589	325	45. 10	1521. 16	410
2024	—			564	589	325	40. 59	1516. 37	369
2025	—			564	589	325	36. 08	1511. 57	328

续表

年份	建设期费用			运营成本					运营收入
	地面配套建设费	钻完井费	建设费用小计	日常运营、管理费	职工工资	折旧折耗	材料、燃油费	运营成本小计	销售收入
2026	—			564	589	325	31.57	1511.57	287
2027	—			564	589	325	31.57	1511.57	287
2028	—			564	589	325	31.57	1511.57	287
2029	—			564	589	325	31.57	1511.57	287
2030	—			564	589	325	31.57	1511.57	287
2031	—			564	589	325	31.57	1511.57	287
2032	—			564	589	325	31.57	1511.57	287

资料来源：笔者根据企业内部资料整理。

表 6-17 政府补贴情况 单位：万元

区块＼年份	2014	2015	2016	2017	2018	2019	2020
涪陵区块	3012	1897	1039	835	677	331	271
威远区块	792	498	273	219	178	87	71

2. 政府补贴测算模型的应用

（1）净现值法测算基本补贴 s_0。以第六章第二节中的净现值理论测算最低补贴的式（6-68）为测算依据。

$$\sum_{i=T_0+1}^{T}\frac{(p+s_0)Q-(dQ+C)}{(1+r)^i}-\sum_{i=0}^{T_0}\frac{I}{(1+r)^i}\geqslant 0 \qquad (6-68)$$

根据文献查找可知（孔令峰等，2015），页岩气开发项目自产负债率为 50%～70%，基准折现率多以 10%为计算标准，页岩气气价因受国际市场和政治经济环境等外部环境影响较大，与页岩气区块间存在的差别关系不大，此处统一设定为 2 元/立方米。笔者以 2016 年页岩气开发项目的资金流量情况为例，按照净现值法计算得到各年的基本补贴系数 s_0，见表 6-18。

表 6-18 以净现值法计算得各年基本补贴系数 s_0

区块 \ 年份	2016	2017	2018	2019	2020
涪陵区块	2.03	-0.61	-0.17	0.24	-0.09
威远区块	5.22	0.53	0.91	0.89	0.93

表 6-18 中的涪陵与威远区块最低补贴系数 s_0 有明显的差异，尤其是运营期第一年 2016 年，涪陵区块基本补贴系数至 2.03 元/立方米，威远高达 5.22 元/立方米才能满足企业的收益率要求。这主要是由于页岩气开发项目建设期费用高，刚开始投产期间虽然页岩气井初期产量较为理想，但尚不足以弥补巨额的前期投资，需要较高的政府补贴以保障企业基本利益。随着投产时间延长，累计产量的增加使得前期投资成本逐步回收，2017 年及往后涪陵区块的页岩气企业甚至无须政府补贴便能满足自身基本盈利需求。相比之下，威远区块 2017 年补贴系数也表现为最低，2018 年及以后补贴系数维持在 0.91 元/立方米左右才能保障企业的盈利目标，主要是因为运营期间的边际成本将会随着年产量的递减逐渐增加，产量引起的销售收入无法弥补运营支出，投产后期仍需要政府补贴以维持。综上，为满足页岩气开采企业基本保障收益率，威远区块所需补贴明显高于涪陵区块，甚至远远高出国家实施补贴政策中的 0.3 元/立方米的标准。这再一次说明均一化补贴方式对不同区块上的页岩气企业不适用，存在严重的不公平现象。

（2）委托—代理模型测算可变补贴激励系数 β。

1）社会效益产出系数 q。

2）企业努力成本系数 c。根据涪陵区块页岩气井项目概况，2016 年运营阶段每年职工工资费为 $\theta_1=3884$ 万元。每年管理费用为 $\theta_2=3257$ 万元，努力程度的成本系数 ε 范围是 0~1，此处 ε 取 0.5。根据式（6-11）成本系数 $c=\varepsilon\times(\alpha_1+\alpha_2)$，每方页岩气产量所发生的努力成本系数为 0.516 元/立方米。随着运营期的延长，产量的递减将导致努力成本的快速增长。

3）企业的风险规避系数 ρ。作为页岩气开发项目的建设和运营者，期望获得更优的经济效益，表现为风险规避型。ρ 的取值范围一般为 1~4。

考虑到取值的合理性，本书的风险规避系数假设定为 $\rho=2$。

4）外生随机变量的方差标准值 σ^2。为使模型结果更准确，假设外生随机变量方差标准值 $\sigma^2=1$。

5）可变补贴激励强度系数的影响权重 n_1 和 n_2。据前文分析，涪陵区块页岩气产量明显高于威远区块，所产生的经济效益也随之更佳。社会效益产出与经济效益息息相关，也就是说涪陵区块的社会效益产出也会高于威远区块。若将社会效益产出对补贴测算的权重设为50%，这与净现值法中以页岩气产量作为出发点计算最低补贴值的意义有重合。另外考虑到区块差异重点体现在资源禀赋及开采条件上，于是笔者假设 n_1、n_2 分别为0.3和0.7。

6）可变补贴激励强度系数 β。通过上述分析，可以确定可变补贴激励强度系数 β 的各个参数值，见表6-19。

表 6-19　委托—代理模型各参数取值

相关参数	涪陵区块	威远区块
社会效益产出系数 q	0.595	0.522
页岩气资源禀赋及开采条件 a	0	0.525
q 对可变补贴激励强度系数的影响权重 n_1	0.3	0.3
r 对可变补贴激励强度系数的影响权重 n_2	0.7	0.7
页岩气气价 p	2	2
企业努力成本系数 c	0.516	0.572
企业绝对风险规避系数 ρ	2	2
外生随机变量的方差标准值 σ^2	1	1

将表6-19中各参数值代入式（6-39），计算得出2016年涪陵与威远区块的可变补贴激励强度系数分别为：

$$\text{涪陵：}\beta=\frac{(n_1q+n_2a)(pq+1)}{(n_1q+n_2a)^2+\rho c\sigma^2}=\frac{(0.3\times0.595)(2\times0.595+1)}{(0.3\times0.595)^2+2\times0.516}=0.37$$

$$\text{威远：}\beta=\frac{(n_1q+n_2a)(pq+1)}{(n_1q+n_2a)^2+\rho c\sigma^2}=\frac{(0.3\times0.522+0.7\times0.525)(2\times0.522+1)}{(0.3\times0.522+0.7\times0525)^2+2\times0.572\times1}=0.76$$

$\beta\in(0,1)$，符合设定范围，所以模型验证合理。

根据已知的可变补贴激励强度系数，结合式（6-69）计算的可变补贴 s_1，结果见表6-20。涪陵区块可变补贴系数 s_1 值均较小，2016~2020年稳定在0.07元/立方米左右；而威远区块的可变补贴系数明显高于涪陵区块，2016年最高，并表现为逐年递减的趋势。这说明，涪陵区块由于区块资源禀赋及开采条件较好，页岩气产出量高，企业的经济目标较容易实现，不需要额外的补贴刺激措施，企业便可自发地投资开发；而威远区块上的页岩气企业则需要一定的补贴刺激，才能在企业基本盈利的基础上，积极投资开发以促进页岩气产业的健康发展。

$$s_1=\beta(n_1q+n_2a) \tag{6-69}$$

表6-20 各年可变补贴激励强度系数 β 与可变补贴 s_1

区块 \ 项目 \ 年份		2016	2017	2018	2019	2020
涪陵区块	β	0.39	0.25	0.21	0.22	0.24
	可变补贴 s_1	0.07	0.08	0.06	0.07	0.07
威远区块	β	0.75	0.57	0.48	0.47	0.45
	可变补贴 s_1	0.40	0.30	0.25	0.24	0.23

3. 敏感性分析

影响页岩气开发补贴额的因素很多，通过不确定性分析，找出影响可变补贴额的敏感因素，并确定其影响程度，有助于分析可能的有效控制措施，降低不确定性风险，改善和提高补贴额的合理性。通过对威远区块案例中影响可变补贴激励强度系数的8个因素进行±5%和±10%的变化模拟，观测变化情况，结果见表6-21。

表6-21 可变补贴激励强度系数的敏感性

变量	敏感性变化率（%）				
	-5	5	0	-10	10
社会效益对 β 的影响权重 n_1	0.3245	0.3230	0.3238	0.3253	0.3223

续表

变量	敏感性变化率（%）				
	-5	5	0	-10	10
资源及开采条件对 β 的影响权重 n_2	0.3322	0.3155	0.3238	0.3407	0.3074
社会效益产出系数 q	0.3603	0.3293	0.3238	0.3993	0.3607
资源及开采条件 a	0.3322	0.3155	0.3238	0.3407	0.3074
页岩气气价 p	0.3195	0.3280	0.3238	0.3153	0.3323
企业风险规避系数 ρ	0.3274	0.3203	0.3238	0.3310	0.3169
企业努力成本系数 c	0.3274	0.3203	0.3238	0.3310	0.3169
外生随机变量的方差标准值 σ^2	0.3274	0.3203	0.3238	0.3310	0.3169

通过表 6-21 可以看到，资源及开采条件 a 和其对补贴激励强度系数的影响权重 n_2 对 β 的影响较大，在-10%到 10%的范围内变化时，β 的变化范围为-3.41%到 3.07%，表示能够显著影响可变补贴激励强度系数的测算结果。在社会效益对补贴激励强度系数影响权重 n_1 进行±5%和±10%的调整时，β 几乎没有变化；绝对企业风险规避系数 ρ、企业努力成本系数 c 和外生随机变量方差标准值 σ^2 对 β 的影响也不大。与其他因素相比，β 对社会效益产出系数 q 最为敏感，呈现相对较大的变化范围（3.99%）。这说明社会效益产出系数对可变补贴额的确定具有非常重要的作用，这与政府根据页岩气开发项目产生的效益实施可变补贴以激励企业的目的是一致的。总体上看，上述因素变化引起的模型结果波动都保持在±4%以内，说明模型具有良好的稳健性。

此外，建议分析环境效益、增加税收、就业增长、能源安全效益在社会效益系数中的各自权重，这将进一步提高模型的准确性。

4. 综合补贴系数的确定

综合上述分析，根据简化后的政府补贴测算式（6-70）对两个区块页岩气项目的补贴进行测算，得到综合补贴系数及优化后的补贴额度（见表 6-22）。

$$s_{综}=s_0+\beta(n_1q+n_2a) \quad (6-70)$$

表 6-22　政府综合补贴系数及额度模型计算结果

项目 \ 年份		2016	2017	2018	2019	2020	总计
涪陵区块	最低补贴 s_0	2.03	-0.61	-0.17	0.24	-0.09	—
	可变补贴 s_1	0.07	0.08	0.06	0.07	0.07	—
	综合补贴系数 $s_{综}$	2.10	-0.53	-0.11	0.31	-0.02	—
	实际补贴（万元）	1566	1716	1115	514	423	5335
	测算补贴（万元）	10962	-3032	-409	798	-42	8277
威远区块	最低补贴 s_0	5.22	0.53	0.91	0.89	0.93	—
	可变补贴 s_1	0.40	0.30	0.25	0.24	0.23	—
	综合补贴系数 $s_{综}$	5.62	0.83	1.16	1.13	1.16	—
	实际补贴（万元）	519	615	399	185	151	1942
	测算补贴（万元）	11071	1701	1546	1042	879	16241

从表 6-22 可知，该模型所测算得到的涪陵区块与威远区块页岩气项目的政府补贴总额分别为 8277 万元和 16241 万元。而按照项目可研报告中政府补贴测算方法，涪陵区块补贴总额为 5335 万元，威远区块仅为 1942 万元。模型测算补贴额远远超过实际补贴额，尤其是威远区块，补贴额度相去甚远。这与张抗和于洋（2019）提出的“应加大对页岩气开发补贴的总量”观点一致。尤其是投产第一年，模型测算的补贴额比实际补贴数额大得多。这主要是由于页岩气开发项目建设期费用较高，页岩气产量收入远远不足以弥补资金投入，需要较高的政府补贴以保障企业基本利益。另外，从涪陵区块 2017 年表现为负值的补贴额可以看出，随着投产时间延长，页岩气累计产量收入几乎可以回收前期投资成本。威远区块从 2016 年往后，仍需要维持一定的补贴额，这主要是由于运营期间边际成本逐年增加，加之产量递减，开发价值随之缩减，政府补贴额也随之缩减。

另外，从综合补贴系数上看，优化后的补贴系数主要受基本补贴系数 s_0 控制，其次才是在最低补贴的基础上，根据区块的资源禀赋及开采条件有针对性地调整。这与政府制定财政政策的依据与初衷相一致，政府制定补贴政策的首要依据就是企业上报的财务报表，以保障企业的内部收益为前提，然后根据自身期望的效益最大化对补贴进行调整。

第五节　本章小结

本章首先设计了页岩气开发补贴测算的思路框架。通过净现值法以保障企业基本收益为前提计算出基本补贴。其次利用模型假设与参数设置构建委托—代理模型，基于页岩气区块资源禀赋及开采条件的评价与模型计算得到可变补贴。再次将基本补贴与可变补贴代入模型得到综合补贴系数。最后利用涪陵区块与威远区块页岩气项目案例分别验证模型测算所得综合补贴系数与补贴额的可靠性。

第七章
结论建议及未来展望

第一节 结论

页岩气本身所具有的资源禀赋特殊性使得页岩气开发项目投资量大且风险高、技术难度高、投资回收期长、产量递减快；另外考虑到环保和水资源生态问题，项目自身的盈利能力较弱。若要实现不断增产对技术与综合成本的要求都会很苛刻，因此页岩气开发将难以吸引到社会资本。这一客观事实决定了页岩气需要政府相关部门提供必要的财政支持，以保障开采企业的基本收益，发挥激励作用，刺激页岩气开采企业投资热情，促进页岩气产业发展。本书针对页岩气开发补贴绩效及补贴额度测算进行了研究，研究结论如下：

第一，运用关键绩效指标法，结合页岩气开发项目特征，从财务维度筛选了单位产气成本、企业总投资增长率、企业利润增长率、政府投资增长率、政府税收增长率及补贴占财政收入比重共 6 个指标；效率维度确定了新技术设备应用、页岩气产量提升率及企业生产积极性共 3 个指标；规模维度优选了区块开采程度和项目数量增长率 2 个指标；风险维度选定了风险分散程度指标。四个维度 12 个评价指标，构建了一套页岩气开发补贴绩效评价的指标体系。

第二，通过对页岩气开发补贴绩效评价体系的构建，对涪陵和威远区块某页岩气钻井平台工程进行补贴绩效评价对比。从区块补贴绩效评价综合得分来看，涪陵 7.54 分，威远 6.92 分，表明页岩气开发补贴绩效水平存在区块差异性。四个维度得分占比情况相似，财务维度对页岩气开发补贴绩效的贡献最大。但相比较涪陵区块，威远区块的财务维度有小幅降低，主要体现在威远区块单位产气成本高，相同补贴力度下，产气成本降低效果没有涪陵区块明显。

第三，从页岩气开发补贴参与主体视角出发，分析了补贴对政府绩效的影响机理。选择页岩气增产效应作为政府施政最终目标进行验证，根据涪陵、威远、昭通三大区块页岩气产量情况，利用面板门槛回归模型定量分析了补贴对页岩气增产效应的影响。实证结果表明，区块资源禀赋条件不好或开采技术难度高的区块因生产成本大幅上涨，只有在适当补贴水平下才能有显著的增产效应。也就是说，页岩气产量或产能超过一定的门槛值时，补贴的增产效应体现明显，从一定程度上验证补贴有助于页岩气增产。

第四，从页岩气开发补贴参与客体视角出发，分析了补贴对企业绩效的影响机理。以页岩气开发生产费用投入指标量化企业生产的积极性，采用多元线性回归模型测度补贴对企业生产积极性的提升作用。另外，结合页岩气为主营业务上市公司的年报数据，利用 DEA-Malmquist 指数法分析了政府补贴对其生产效率的影响。一是补贴对企业生产积极性具有显著正向作用。补贴通过降低生产成本促进开发规模，但受资源禀赋特征及开发工程条件的影响，统一的补贴标准对各个区块的积极作用是不同的。威远区块五峰组—龙马溪组页岩气资源埋深较深，且由于外部环境限制，统一的补贴标准对企业的吸引力明显不够，激励作用小于技术难度低、开发条件好的涪陵区块，因此补贴政策实施效果出现区域差异性。二是通过静态生产效率分析可以看出，样本期间企业生产效率呈现上升并稳定的趋势；动态生产效率分析发现，2013~2019 年全要素生产率呈现负增长，7 年累计增长数为-3.6%。这与补贴变化呈现同步趋势，造成这种趋势的原因是技术进步负增长，正是技术进步的下降导致了近年来页岩气开发业务全要素生产效率的下降。综合生产效率分析结果来看，补贴总体上提高了企业生产效率。

第五，构建页岩气开发补贴额度测算模型框架。基于绩效评价结果，提出将传统的均一化产量补贴方式优化成将由基本补贴 s_0 和可变补贴 s_1 两部分组成的可调整补贴模式。用净现值法计算出保障企业基本利益下的基本补贴；运用委托—代理理论构建政府与企业的期望函数，通过求解得到可变补贴激励强度系数 β 与社会效益产出系数 q、区块资源禀赋及开采条件值 a、前两者对可变补贴的影响权重 n_1 和 n_2、企业的努力成本系数 c、企业的绝对风险规避系数 ρ、页岩气气价 p 及外生随机变量的方差标准值 σ^2 相关。然后利用基本补贴与可变补贴测算结果，综合计算出优化后的页岩气开发补贴额度。理论结果和案例研究表明，具有良好资源禀赋和开发条件的优质目标区块不需要可变补贴形式的额外激励，企业仅靠基本补贴就可以获得盈利。相反，在资源贫瘠、开发条件困难的区块，页岩气公司除了需要基本补贴外，仍然需要可变补贴激励来促进积极的投资。这表明，差异化的补贴方式对中国页岩气的平衡和可持续发展是合理有效的。模型敏感性分析结果表明，由社会效益产出系数 q、区块资源禀赋及开采条件 a 等不确定性因素变化引起的模型波动范围保持在-7%~7%，说明所提出的模型总体上具有良好的稳健性。因此，本书提出的差额补贴模型可以作为页岩气开发补贴优化定量设计的参考。此外，与传统方法相比，从政府的财政支出来看，所提出的方法的最终成本明显降低；页岩气公司也有利可图，在任何资源条件下都能保证其基本平衡发展。为此，在能源政策中使用本书提出的方法，可以为解决成本效益困境、优化补贴效果、提高页岩气开发的长期发展能力提供决策依据。

第二节　政策建议

天然气产业是一种风险高、成本高的产业。非常规天然气比常规天然气储藏条件更加隐蔽，开采难度也更高。与此同时，中国页岩气产业处于发展的早期阶段，开采技术不像国外那样成熟，因此更需要政府的大力支持。

基于均一化补贴实施的绩效评价，结合实证分析结果及差异化补贴额度的优化设计，可以发现，相较于美国而言，中国页岩气补贴政策仍存在诸多问题。为充分利用国家财政补贴政策，更好地促进非常规天然气产业发展，在《清洁能源发展专项资金管理暂行办法》的基础上，就页岩气财政补贴政策从直接补贴和税收优惠两方面提出相应的建议。

一、直接补贴

1. 分级补贴

在当前补贴政策下，按照页岩气区块的资源开发潜力，分级设置补贴系数，进行补贴。由实证分析的结果可知，中国现行的页岩气补贴政策对相关企业的经营绩效促进作用并不明显，并没有真正激励更多的企业参与到页岩气开发利用的过程当中。事实上，对于许多页岩气生产商来说，由于绝大多数陆相页岩气气区的矿藏深、水资源稀缺及生产技术限制等因素加大了企业的生产成本。在补贴不足的情况下，企业内部的经营效益可能处于微盈利甚至是亏损的状态，那么同等补贴力度的政策会降低企业对页岩气开发潜力低的区块投资的热情，从而阻碍了中国页岩气产业的发展。因此，就需要政府分级调配补贴系数，以精准性地鼓励不同技术水平的企业进行页岩气开采项目，形成有活力的市场竞争格局，推动页岩气产业的发展。

基于以上现状，政府应完善相关政策法规，合理实施税收优惠及政策补贴，加强政府的宏观调控作用，加大页岩气开采力度，保障有效供给。

“深采多补”“常采多补”是关键方向。对于那些由于矿藏深导致生产成本增加的企业，可设立更高的补贴系数，以缓解其压力，鼓励深层资源的开发。进行产量补贴或成本补贴后，在一定程度上提高了供气厂商的开采积极性，加大了页岩气的勘探开采，使得页岩气对常规天然气的替代性增大，有助于产业整体发展。同时，对于那些生产技术较为成熟、常规开采的企业，也应提供相应的补贴，引导企业稳步经营获得合理利润，让页岩气产业健康平稳发展，以保持其经济效益。

同时，“多增多补”“冬增冬补”“常采多补”政策的执行，可为企业提供更有力的支持。对于符合多项或全部政策条件的页岩气井，分配系数取其最高值，以确保企业在满足多重条件的情况下能够得到更全面的激励，同时避免了重复享受补贴的情况。

此外，政府应定期评估页岩气产业的发展情况，灵活调整补贴政策，以适应市场的变化和技术的进步，确保政策的可持续性和有效性。通过这样的分级补贴政策，页岩气产业有望形成更加有活力的市场竞争格局，推动页岩气产业的可持续发展。

2. 延长补贴时间

相比较美国持续了 30 年的页岩气财政补贴政策，中国的页岩气补贴政策到 2022 年底也就只有 10 年，政策时间跨度方面两国的差距比较大。从经济学角度看，政府补贴属于政府支出中转移支付的部分，此种行为会改变社会上资源配置的结构，因而可能会提高资源配置效率。鉴于政府每年财政收入有限，一味要求政府加大补贴力度并不现实，这就要求政府可以在原补贴额度不变的基础上延长补贴的年限，以此来变相增加对页岩气企业的补贴。

目前中国页岩气开发的补贴政策呈现逐年减少的趋势，且速度较为迅猛。这对正在勘探和开发阶段的企业而言，意味着在短时间内难以有效降低成本、回收投资。为此，建议将补贴的有效年限延长至 2030 年，为页岩气企业提供更为宽松的政策环境，有助于它们更顺利地实现成本回收与盈利。这种补贴时间的延长不仅能为企业提供更充分的发展时间，也有助于稳定市场信心，鼓励更多的企业参与页岩气的勘探和开发，从而推动整个产业链的健康发展。

建议政府采取渐进性的延长措施，以有序的方式进行，避免突然的变化引起市场不稳定。逐步延长补贴时间可以给企业更好的规划和适应期，同时降低市场波动的风险。同时注意鉴别不同阶段的企业需求，差异化地制定支持政策。对于初期开发的企业，可以提供更为激励的补贴政策，以促进更多企业投入页岩气开发。而对于成熟阶段的企业，则可逐渐减少补贴力度，以推动产业自主发展。注重引导企业进行技术创新，设立奖励机制，鼓励采用更环保、更高效的开采技术。将补贴与技术进步挂钩，可以提高整个行业技术水平，推动产业可持续发展。也需要加强与科研机构的合作，鼓励企业参与页岩气技术创新。政府可以设立专项基金，支持相关研发项目，以促进技术的不断升级，提高整个行业的核心竞争力。

延长补贴时间将有助于企业更长期地规划投资和发展战略，增强行业信心，吸引更多资金投入页岩气产业。同时，可能会吸引更多企业涉足页岩气领域，尤其是那些原本因补贴时间较短而望而却步的企业，推动新项目的投资和开发。长期的政策支持有望促使企业更加注重技术创新和提升，降低成本、提高效率，进而推动整个行业的可持续发展。随着时间的推移，补贴的逐步减少将迫使企业更多地依靠市场竞争，推动行业朝着更加市场化和成熟的方向发展。

总体而言，通过延长补贴时间，政府能够更加灵活地支持页岩气企业，帮助它们逐步实现自主发展，推动中国页岩气产业取得更为可观的成果。

3. 扩大补贴范围

页岩气勘探、开发和利用是属于页岩气项目的一个系统工程，涉及了上游的勘探开发及设备制造、中游的管道运输，以及下游的页岩气消费利用等多个环节，是各个环节之间相互协调发展的过程。借鉴美国页岩气产业政策所涉及的内容宽泛的现状，建议政府可以将财政补贴的接受者覆盖到整个产业链上，实现各环节之间的协调发展，激发整个产业链的活力。

首先，应将财政补贴的重点延伸至页岩气资源开发和利用相关的设备制造。通过对设备制造企业提供补贴，可以降低其生产成本，促进更多高效、环保的生产设备投入市场。页岩气上游勘探开采属于资金技术密集型环节，尤其是对于作为新能源的非常规天然气，开采初期需钻探多个气井，需要很大的钻孔和多级压裂能力，以及技术娴熟的劳动力等。因此，前期资金技术投入大，如果在页岩气勘探开采初期没有政策扶持，页岩气的开采成本远大于常规天然气，而天然气价格高于最大保留价格，中游管网公司对非常规天然气的需求量为0，最终非常规天然气的开采会因市场供求关系而停滞。因此，财政补贴有助于推动页岩气技术创新，提高生产效率，同时增强国内页岩气设备制造业的竞争力。

其次，基础设施建设的投资也应纳入补贴范围。例如，对于页岩气管道运输的建设，可以通过提供补贴鼓励企业投入更多资金，加速建设进程，确保页岩气从生产地到消费地的顺畅输送。这将有助于形成完善的页岩气产业链条，提高整个产业的运行效率。

此外，为实现全产业链的联动效应，建议加强对多个行业的补贴优惠政策扶持。例如，对页岩气勘探和开发所需的先进技术研发给予额外支持，鼓励社会资本积极参与到页岩气基建生产活动中来。这样的政策将推动技术创新和人才培养，进一步提高产业链的整体水平。

通过扩大补贴范围，政府可以在全产业链上形成协同发展的格局，激发页岩气产业的发展活力。这样的政策不仅有助于提高页岩气产业的整体竞争力，还能促使更多社会资本投入页岩气产业，为我国能源结构的调整和改善提供有力支持。

二、税收优惠

1. 建立健全页岩气税收优惠体系

相较于美国，我国虽然出台了一些于页岩气产业相关的税收优惠政策，但是所涉及的税种并不全面。总体来说，虽然减免了资源补偿税、设备进口关税和探矿权使用费，但增值税和企业所得税这类常见税种所形成的综合税率较高。在中国，页岩气生产商需缴纳17%的增值税，开发和销售商需要按销售额缴纳13%的增值税。目前为止并没有优惠政策推出，对投资页岩气的企业来说，所承担的税收较重。一方面，页岩气开采本身对开采技术要求较常规天然气高，随之成本更高；另一方面，中国页岩气产业处于起步阶段，资源储量优势尚未体现。为推动页岩气产业的健康发展，建议政府建立健全的页岩气税收优惠体系，以缓解企业负担、激发投资热情，促进技术创新和资源有效利用。基于以上比较和分析，提出以下建议：

首先，针对增值税，特别是在页岩气产业发展的早期阶段，建议采取更具灵活性的政策，如实行“即征即返”制度，即在短时间内返还企业缴纳的增值税。这一政策有助于降低企业的税收负担，激发私营企业加大对页岩气领域的投资。通过及时返还增值税，政府可以直接支持企业在探索和开发初期实现更好的财务平衡。

其次，针对生产和销售环节，可以参考煤层气产业的相关优惠措施，并为页岩气企业提供相应的税收优惠。这包括降低企业所得税、减免资源税等方面，以确保企业在生产和销售环节都能够获得一定程度的税收优惠，从而提高企业的经营效益。

我国曾于2018年出台过资源税减免30%的政策，但是这种优惠是普及性的、均一化的。实际工程中，不同页岩气区块开采并生产页岩气的难度不尽相同，政府可以考虑根据页岩气资源的不同性质和页岩气难易程度来设置差异化税率，以此激励开采初期因投资成本过高而望而却步的企业加大生产力度。因此，在考虑资源税时，建议政府采用差异化税率的方式，根据不同页岩气区块的开采难度和资源性质制定不同的税率。这能够更加精准地反映不同区域的开发难度，并激励那些面临较高成本的区域加大生产力度，推动页岩气产业的均衡发展。

再次，鉴于页岩气产业发展所处阶段和条件的限制，政府更应该注重研发新技术费用的比例和折旧应纳税额，通过对这些方面的税收优惠，进一步推动企业技术进步，真正发挥促进页岩气产业长期均衡发展的作用。可以考虑加大研发支出加计扣除额度及延长摊销年限，以鼓励企业更积极地进行技术研发，推动技术水平不断提升，增强整个页岩气产业的创新能力。

最后，建议在页岩气税收优惠政策方面注重研发产出的税收优惠。目前的优惠政策偏向于研发支出和投入，而缺乏对研发产出的优惠政策。为了实现研发投入与研发产出间的平衡，可以在税收优惠政策中注重研发产出的激励，提高研发投入的技术转化率，积极推进研发投入的成果化和研发产出的产业化发展。

总体而言，建立健全的页岩气税收优惠体系需要综合考虑产业发展的不同阶段和不同区域的特点，并采取差异化和灵活性的税收政策，以确保更好地支持页岩气产业的可持续发展。

2. 鼓励地方政府实施税收优惠政策

美国各州政府积极响应联邦政府号召，对当地页岩气企业给予了一定程度上的税收优惠，且优惠力度不弱于联邦政府。而我国，由于权责不明问题，同时缺乏一定的明文规定约束，除了西南地区（页岩气资源丰富的地区）外，鲜有地方政府对页岩气产业给予明确的支持性措施。

目前我国所得税是固定税率，无法起到鼓励页岩气等非常规气田开发的作用。根据国家对西部地区鼓励类项目的优惠政策，2014~2020 年西部页岩气田所得税税率为 15%，2020 年以后税率为 25%。天然气价格下降，财税政策调整，导致页岩气销售净利润率一直低迷；如果取消财政补贴，销售净利润率难以保证页岩气田规模开发项目达到基准收益率的要求。

基于以上分析，为促进页岩气产业的健康发展，建议明确中央和地方政府的权责关系，同时鼓励各地方政府根据自身资源和产业优势，积极出台具有针对性的页岩气扶持政策，特别是在税收优惠方面展开积极探索。

首先，应建立明确的中央和地方政府权责分工。中央政府可以在页岩气领域提出总体政策方向和支持原则，鼓励地方政府根据自身实际情况，制订具体实施方案。同时，中央政府可通过设立专项资金或提供技术支持，为地方政府提供支持和引导。

其次，地方政府应根据本地资源和产业特点，制定具体的税收优惠政策。例如，江苏、河南、辽宁等装备制造业优势显著的省份，可支持页岩气勘探、钻探、测井等设备制造业，通过减免企业所得税、增值税等方式提供税收优惠，以促进产业链的协同发展。

对于页岩气资源丰富的地区，如四川和重庆，地方政府可以大力扶持页岩气开采企业。此外，地方政府还可通过降低土地使用费、提供基础设施建设支持等方式，降低企业在产业链上的相关项目的落地门槛，引导更多资本参与页岩气产业建设，形成中央引领、地方补充的合作格局。

建议地方政府在制定具体政策时，结合本地实际情况，积极借鉴美国各州在页岩气领域的税收优惠经验，并在税收政策的设计中注重灵活性和差异化，以更好地支持和推动页岩气产业的可持续发展。通过权责明确、有针对性的政策制定，地方政府可以更有效地发挥在页岩气产业发展中的积极作用。

第三节　未来展望

本书建立的页岩气开发补贴绩效评价体系及补贴额度测算模型与方法尚处于不成熟阶段，还有待进一步的深化研究。鉴于在资料收集和理论模型分析上存在的不足，以及在实践中不可避免遇到的复杂问题，笔者认为在本书所做研究工作的基础上，还需要在以下几个方面有更深层次的探讨：

第一，页岩气开发补贴绩效评价。页岩气开发补贴政策涉及的参与方除了政府与从事页岩气生产的企业，实际还有输气管道公司、项目建设期内有合同关系的中小企业、金融机构等多方参与者。不同的参与方，补贴对其的影响机理不同，影响效果也存在差异。另外，有局限性且不明确，直接补贴对象是页岩气开采企业，而企业包含勘探方、开采方、运营方。未来需考虑多个参与方的补贴绩效评价，以厘清页岩气开发补贴的绩效，指导页岩气开发补贴政策的制定。

第二，页岩气开发补贴额度测算模型。页岩气开发补贴额度受企业上报的运营成本及收益、页岩气项目所在区块的资源禀赋特征及开采条件、政府自身财政状况、企业的努力水平、企业的技术水平、企业规模、劳动生产率和雇员人数等多重因素影响，如何将这些因素纳入额度测算模型中，如何将政策制定人员十分关注的各因素对补贴额度的影响直观地展示出来，这将涉及资料录取和理论模型建立的，同时对政策制定者对技术、经济、地质等多方面的钻研提出了更高的要求。本书仅对企业上报的运营成本及收益、页岩气项目所在区块的资源禀赋特征及开采条件、企业努力水平等少数影响因素做出了深入分析，未来可将该分析思路扩展到其他重要的因素上。此外，应采用博弈论和强化学习等新方法来协调和优化多个代理人之间的利益平衡，并与提出的委托—代理理论方法进行比较。

参考文献

[1] Administration EI. World Shale Gas Resources: An Initial Assessment of 14 Regions Outside the United States [M]. US Department of Energy, 2011.

[2] Alaghbandrad A, Hammad A. PPP Cost-Sharing of Multi-purpose Utility Tunnels [J]. Advanced Computing Strategies for Engineering, 2018, 63 (18): 554-567.

[3] Amundsen T, Apeland S, Barland K, et al. Natural Gas Unlocking the Low Carbon Future [M]. Oslo Norway, International Gas Union (IGU), 2010.

[4] Augusto C, Pellegrini G. Do Subsidies to Private Capital Boost Firms' Growth? A Multiple Regression Discontinuity Design Approach [J]. Journal of Public Economics, 2014 (109): 114-126.

[5] Barzel Y. The Market for a Semipublic Good: The Case of the American Economic Review [J]. The American Economic Review, 1969, 61 (4): 665-674.

[6] Bergstrom F. Capital Subsidies and the Performance of Firms [J]. Small Business Economics, 2000, 14 (3): 183-193.

[7] Berle A, Means G. The Model Corporation and Private Property [M]. New York: Macmillan, 1932.

[8] Bernini C, Pellegrini G. How are Growth and Productivity in Private Firms Affected by Public Subsidy Evidence from a Regional Policy [J]. Regional Science and Urban Economics, 2011, 41 (3): 253-265.

[9] Bowker K A. Barnett Shale Gas Production. Fort Worth Basin: Issues

and Discussion [J]. AAPG Bulletin, 2007, 91 (4): 523-533.

[10] Bustin R M, Bustin A, et al. Shale Gas Resources of Canada: Opportunities and Challenges [C]. AAPG Annual Convention, San Antonio, Texas, April 20-23, 2008.

[11] BP. Statistical review of word energy (67th Edition) [R]. UK. BP, 2018.

[12] Calderon A J, Guerra O J, Papageorgiou L G. Disclosing Water-energy-economics Nexus in Shale Gas Development [J]. Applied Energy, 2018 (225): 710-731.

[13] Carvalho A. Recommendations and Guidelines for Implementing PPP Projects: Case of the Electricity Sector in Brazil [J]. Built Environment Project and Assert Management, 2019, 2 (9): 262-276.

[14] Chen X, Rong J Y, LI Y, et al. Facies Patterns and Geography of the Yangtze Region, South China, through the Ordovician and Silurian Transition [J]. Palaeogeogr Palaeoclimat Palaeoecol, 2004 (204): 353-372.

[15] Chi K C, Nuttall W J, Reiner D M. Dynamics of the UK Natural Gas Industry: System Dynamics Modelling and Long-term Energy Policy Analysis [J]. Technological Forecasting and Social Change, 2009, 76 (3): 339-357.

[16] Eugenia G, Mirela I A, Claudiu T A. The Economic, Social and Environmental Impact of Shale Gas Exploitation in Romania: A cost-benefit analysis [J]. Renewable and Sustainable Energy Reviews, 2018 (93): 691-700.

[17] Happe K, Balmann A, Kellermann K. Structural, Efficiency and Income Effects of Direct Payments: An Analysis of Different Payment Schemes for the German Region 'Hohenlohe' [D]. University Library of Munich, Germany, 2003.

[18] Ho M, Ruhashyankiko J F, Yehoue E B. Determinants of Public-Private Partnerships in Infrastructure [J]. Social Science Electronic Publishing, 2017, 6 (99).

[19] Jing W, Hongmei D, Qiang Y. Shale Gas: Will it Become a New Type of Clean Energy in China? A Perspective of Development Potential

[J]. Journal of Cleaner Production, 2021 (294): 126257.

[20] Juan C, Olmos F, Ashkeboussi R. Private－Public Partnerships as Strategic Alliances: Concession Contracts for Port Infrastructures [J]. Transportation Research Record Journal of the Transportation Research Board, 2008 (2062): 1-9.

[21] Kessides C. Institutional Options for the Provision of Infrastructure [R]. Washington, D. C: World Bank Discussion Papers, 1993.

[22] Kennedy J. Tight Sand, Shale, Goal: As Contribution Grow, Low－permeability Reservoirs Face Common Challenges [R]. Texas: Hart Energy, 2007.

[23] Verhoest K, Petersen O H, Scherrer W, Soecipto R M, 张帆. 政府如何支持公私合营模式发展——20个欧洲国家PPP的政府支持情况评估比较 [J]. 城市交通, 2015 (4): 82-95.

[24] Krupnick A, Wang Z, Wang Y. Environmental Risks of Shale Gas Deveiopment in China [J]. Energy Policy, 2014 (75): 117-125.

[25] Lamei L, Zhang J C, Xuan T, et al. Conditions of Continental Shale Gas Accumulation in China [J]. Nature Gas industry, 2013, 33 (1): 35-40.

[26] Li Y B, Li Y, Wang B Q. The Status Quo Review and Suggested Policies for Shale Gas Development in China [J]. Renewable and Sustainable Energy Reviews, 2016 (59): 420-428.

[27] Liu J Y, Li Z X, Luo D K, et al. Shale Gas Production in China: A Regional Analysis of Subsidies and Suggestions for Policy [J]. Utilities Policy, 2020 (67): 101135.

[28] Lu W W, Su M R, Fath B D, et al. A Systematic Method of Evaluation of the Chinese Natural Gas Supply Security [J]. Applied Energy, 2016, 165. doi: 10. 1016/j. apenergy. 2015. 12. 120.

[29] Mallapragada, Dharik S, Bastida E R, et al. Life Cycle Greenhouse Gas Emissions and Freshwater Consumption of Liquefied Marcellus Shale Gas Used for International Power Generation [J]. Journal of Cleaner Production, 2018 (205): 672-680.

[30] Nelson P, Baglino A, Harrington W, et al. Transit in Washington DC: Current Benefits and Optimal Level of Provision [J]. Journal of Urban Economics, 2007 (62): 231-251.

[31] Paredes D, Komarek T, Loveridge S. Assessing the Income and Employment Effects of Shale Gas Extraction Windfalls: Evidence from the Marcellus region [J]. Energy Economics, 2015 (47): 112-120.

[32] Pi G L, Dong X C, Dong C, et al. The Status, Obstacles and Policy Recommendations of Shale Gas Development in China [J]. Energy Sustainability, 2015, 7 (3): 2353-2372.

[33] Qin Y, Moor T A, Shen J, et al. Resources and Geology of Coalbed Methane in China: A Review [J]. International Geology Review, 2018 (60): 777-812.

[34] Reeven P V. Subsidisation of Urban Public Transport and the Mohring Effect [J]. Journal of Transport Economics & Policy, 2008, 43 (3): 343-346. doi: 10. 2307/20054051.

[35] Rahm B G, Vedachalam S, Bertoia L R, et al. Shale Gas Operator Violations in the Marcellus and What They Tell Us About Water Resource Risks [J]. Energy Policy, 2015, 82: 1-11. doi: 10. 1016/j. enpol. 2015. 02. 033.

[36] Sohail G M, Radwan A E, Mahmoud M. A review of Pakistani Shales for Shale Gas Exploration and Comparison to North American shale plays [J]. Energy Reports, 2022 (8): 6423-6442.

[37] Tzelepis D, Skuras D. The Effects of Regional Capital Subisidies on Firm Performance an Empirical Study [J]. Journal of Small Business and Enterprise Development, 2004, 11 (1): 121-129.

[38] US Joint Committee on Taxation. General Exploration of the Crude Oil Windfall Tax Act of 1980 [M]. Washington DC: US Government Printing office, 1981.

[39] US Energy Information Administration (US EIA), US Department of Energy (US DOE). Analysis of Five Selected Tax Provisions of Conference Energy Bill of 2003 [R]. Washington DC: EIA and DOE, 2004.

[40] Wang P W, Chen X, Liu Z B, Du W, et al. Reservoir Pressure Prediction for Marine Organic-rich Shale: A Case Study of the Upper Ordovician Wufeng-Lower Silurian Longmaxi Shale in Fuling Shale Gas Field, NE Sichuan Basin, Oil and Gas Geology, 2022 (43): 468-476.

[41] Wang R Y, Hu Z Q, Long S X, et al. Reservoir Characteristics and Evolution Mechanisms of the Upper Ordovician Wufeng-Lower Silurian Longmaxi shale, Sichuan Basin. Oil & Gas Geology, 2022 (43): 353-364.

[42] Wei J, Duan H M, Yan Q. Shale Gas: Will It Become a New type of Clean Energy in China? —A Perspective of Development Potential [J]. Journal of Cleaner Production, 2021, 126257.

[43] Xie X M, Zhang T T, Wang M. Impact of Shale Gas Development on Regional Water Resources in China from Water Footprint Assessment View [J]. Science of the Total Environment, 2019 (20): 317-327.

[44] Xu Y, Jiang J. The Optimal Boundary of Political Subsidies for Agricultural Insurance in Welfare Economic Prospect [J]. Agriculture & Agricultural Science Procedia, 2010 (1): 163-169.

[45] Yu C H, Huang S K, Qin P. Local Residents' risk Perceptions in Response to Shale Gas Exploitation: Evidence from China [J]. Energy Policy, 2018 (113): 123-134.

[46] Yu B H, Yuan J L. Current Situation of China's Shale Gas Exploration and Development [J]. Applied Mechanics and Materials, 2013 International Conference on Machinery, Materials Science and Energy Engineering, 2013 (5):469-472.

[47] Zou C, Yang Z, Zhu R, et al. Progress in China's Unconventional Oil & Gas Exploration And Development and Theoretical Technologies [J]. Acta Geologica Sinica (English Edition), 2015, 89 (3): 938-971.

[48] Zou C N, Zhu R K, Dong D Z, et al. Scientific and Technological Progress, Development Strategy and Policy Suggestion Regarding Shale Oil and Gas [J]. Acta Petrolei Sinica, 2022 (43): 1675-1686.

[49] 阿根廷“大手笔”提振页岩业 [J]. 中国石油企业，2020

(11)：28.

［50］薄盛远．对页岩气开发的经济效益分析与研究［J］．华北国土资源，2014（4）：123-124+127.

［51］包书景．非常规油气资源展示良好开发前景［J］．中国石化，2018（10）：30-31.

［52］常晋意．财政补贴、产业政策和补贴效率［D］．厦门大学硕士学位论文，2017.

［53］陈达．涪陵页岩气井水平段井眼控制与经济评价［D］．长江大学硕士学位论文，2015.

［54］陈芬．激励机制下公交补贴测算及评价指标体系研究［D］．华南理工大学硕士学位论文，2012.

［55］陈骥，吴登定，雷涯邻，等．全球天然气资源现状与利用趋势［J］．矿产保护与利用，2019，39（5）：118-125.

［56］陈儒．低碳农业联合生产绩效评价与激励机制研究［D］．西北农林科技大学博士学位论文，2019.

［57］陈一博，宛晶．创业板上市公司全要素生产率分析——基于DEA-Malmquist指数法的实证研究［J］．当代经济科学，2012，34（4）：103-108+128.

［58］陈峥．能源禀赋、政府干预与中国能源效率研究［D］．中南财经政法大学硕士学位论文，2017.

［59］蔡进，吉婧，刘莉，等．湘鄂西—鄂西渝东地区上奥陶统五峰—下志留统龙马溪组页岩气成藏条件研究［J］．非常规油气，2019，6（4）：18-24.

［60］曹艳．新政下页岩气单位利用量补贴研究［J］．内蒙古石油化工，2022，48（4）：23-27.

［61］段鹏飞．PPP模式在我国页岩气开发行业中的应用研究［D］．东北财经大学硕士学位论文，2013.

［62］范增辉．威远地区下志留统龙马溪组页岩气富集条件研究［D］．成都理工大学博士学位论文，2019.

［63］冯保国．加快《石油天然气法》立法助力能源安全［J］．北京石

油管理干部学院学报，2019，26（4）：56-58.

［64］高新伟，包文祥，周材荣，等．页岩气产业全要素生产率分析——基于美国数据的实证研究［J］．中外能源，2014，19（3）：23-27.

［65］高芸，蒋雪梅，赵国洪，等．2020 年中国天然气发展述评及 2021 年展望［J］．天然气技术与经济，2021，15（1）：1-11.

［66］耿卫红．国外主要页岩气勘探开发国家税费政策研究［J］．国土资源情报，2016（2）：8-14.

［67］耿晓燕，何畅，万玉金．基于灰色关联法的页岩气水平井产能评价及预测［J］．数学的实践与认识，2020，50（19）：100-106.

［68］耿宇宁，刘婧．劳动力转移与技术进步对粮食产量的门槛效应分析［J］．经济问题，2019（12）：96-103.

［69］公磊，胡健．基于 SWOT-AHP 模型的我国非常规油气资源开发接替战略分析［J］．西安财经学院学报，2017，30（5）：34-42.

［70］国土资源部中国地质调查局．中国页岩气资源调查报告［R］．2015-01-23. http：//www. cgs. gov. cn/xwl/ddyw/201603/t20160309_302195. html.

［71］郭关玉，戴修殿．英美页岩气开发模式对比及其对中国的启示［J］．中国国土资源经济，2017，30（5）：31-36+52.

［72］郭建林，贾爱林，贾成业，等．页岩气水平井生产规律［J］．天然气工业，2019，39（10）：53-58.

［73］郭秀英，陈义才，张鉴，满玲，郑海桥，童小俊，任东超．页岩气选区评价指标筛选及其权重确定方法——以四川盆地海相页岩为例［J］．天然气工业，2015，35（10）：57-64.

［74］郭旭升．四川盆地涪陵平桥页岩气田五峰组—龙马溪组页岩气富集主控因素［J］．天然气地球科学，2019，30（1）：1-10.

［75］郭旭升，胡东风，魏志红，等．涪陵页岩气田的发现与勘探认识［J］．中国石油勘探，2016，21（3）：24-37.

［76］何吉祥，姜瑞忠，孙洁，等．页岩气藏压裂水平井产量影响因素评价［J］．特种油气藏，2016，23（4）：96-100.

［77］何骁，吴建发，雍锐，等．四川盆地长宁——威远区块海相页岩

气田成藏条件及勘探开发关键技术［J］. 石油学报，2021，42（2）：259–272.

［78］何治亮，聂海宽，张钰莹. 四川盆地及其周缘奥陶系五峰组—志留系龙马溪组页岩气富集主控因素分析［J］. 地学前缘，2016，23（2）：8–17.

［79］胡奥林，汤浩，吴雨舟，等.2018 年中国天然气发展述评及 2019 年展望［J］. 天然气技术与经济，2019，13（1）：7–13.

［80］胡德高. 涪陵页岩气田开发建设水污染防控探索与实践［J］. 工业用水与废水，2017，48（4）：39–43.

［81］黄永颖. 新能源汽车补贴机制必要性分析［J］. 现代商贸工业，2017（10）：131–133.

［82］黄聿铭，郑文龙. 基于主成分分析法的煤层气井压裂造缝效果评价［J］. 煤炭工程，2018，50（2）：137–141+144.

［83］霍增辉，吴海涛，丁士军. 中部地区粮食补贴政策效应及其机制研究——来自湖北农户面板数据的经验证据［J］. 农业经济问题，2015，36（6）：20–29+110.

［84］姜城羽. 美国页岩气产业支持政策研究［D］. 吉林大学硕士学位论文，2018.

［85］蒋官澄，吴雄军，王晓军，等. 确定储层损害预测评价指标权值的层次分析法［J］. 石油学报，2011，32（6）：1037–1141.

［86］蒋一欣，刘成，高浩宏，等. 昭通国家级页岩气示范区泡沫排水采气工艺技术及其应用［J］. 天然气工业，2021，41（S1）：164–170.

［87］荆克尧，邓群丽，刘岩. 对加快中国页岩气产业发展的建议［J］. 国际石油经济，2011，19（11）：65–68+111.

［88］金之钧，胡宗全，高波，等. 川东南地区五峰组—龙马溪组页岩气富集与高产控制因素［J］. 地学前缘，2016，23（1）：1–10.

［89］孔令峰，李凌，孙春芬. 中国页岩气开发经济评价方法探索［J］. 国际石油经济，2015，23（9）：94–99.

［90］孔朝阳，董秀成，蒋庆哲，等. 我国页岩气开发的能源投入回报研究——以涪陵页岩气为例［J］. 生态经济，2018，34（11）：153–158.

[91] 李丰，徐文凯，廖群山，等．国际石油公司应对“疫情+低油价”的主要措施及启示 [J]. 国际石油经济，2021，29（1）：100-106.

[92] 李丕龙，宗国洪．对我国页岩气资源开发的思考 [J]. 国际石油经济，2012，20（11）：60-64+110.

[93] 李启明，熊伟．城市基础设施建设 PPP 项目关键风险研究 [J]. 现代管理科学，2009（12）：55-59.

[94] 李双建，肖开华，沃玉进，等．南方海相上奥陶统—下志留统优质烃源岩发育的控制因素 [J]. 沉积学报，2008（5）：872-880.

[95] 李悦．资本和研究生教育对高技术产业的投入产出效率评价——基于三阶段 DEA 模型和 Malmquist 指数的分析 [J]. 现代教育科学，2021（4）：62-69.

[96] 李月清．非常规油气期待政策扶持 [J]. 中国石油企业，2021（3）：40-42.

[97] 李兆友，齐晓东，刘妍．新能源汽车产业政府 R&D 补贴效果的实证研究 [J]. 东北大学学报（社会科学版），2017，19（4）：356-363.

[98] 李鹏冲．我国页岩气开发财税减免与补贴建模仿真研究 [D]. 成都理工大学硕士学位论文，2017.

[99] 李展，崔雪．我国建筑业全要素生产率及其对产出的影响研究 [J]. 建筑经济，2021，42（8）：15-18.

[100] 黎江峰，吴巧生，周娜，等．中国页岩气资源开发利用的能源安全效益评价与预测 [J]. 中国石油大学学报（社会科学版），2020，36（4）：1-8.

[101] 梁世夫，王雅鹏．“直补”政策实践中的公平与效率问题 [J]. 商业时代，2005（21）：6-7+9.

[102] 梁兴，徐政语，张介辉，等．浅层页岩气高效勘探开发关键技术——以昭通国家级页岩气示范区太阳背斜区为例 [J]. 石油学报，2020，41（9）：1033-1048.

[103] 梁兴，张廷山，舒红林，等．滇黔北昭通示范区龙马溪组页岩气资源潜力评价 [J]. 中国地质，2020，47（1）：72-87.

[104] 刘睿，王建良，李琴．页岩气开发与水资源相关问题研究综述

［J］. 国际石油经济，2021，29（4）：21-32.

［105］刘畅 . 中国化石能源补贴改革与居民交叉补贴研究［D］. 厦门大学博士学位论文，2017.

［106］刘林，石世英 . 城市基础设施 PPP 项目政府补贴方式研究［J］. 项目管理技术，2017（4）：7-12.

［107］刘毳 . 中美非常规油气能源政策比较研究——以页岩油气开发为例［D］. 首都经济贸易大学硕士学位论文，2015.

［108］刘晴 . PPP 模式下基础设施建设项目绩效评价研究［D］. 西安建筑科技大学硕士学位论文，2013.

［109］刘楠楠 . 支持我姑国页岩气产业发展的财税政策选择［J］. 税务研究，2014，5（9）：21-24.

［110］刘滢泉 . 可再生能源补贴法律问题研究［D］. 华东政法大学博士学位论文，2020.

［111］龙刚，薛丽娜，杨晓莉 . 深层页岩气套损井全通径无级滑套水平井分段压裂投产技术——以 WY9-2HF 井为例［J］. 油气藏评价与开发，2021，11（2）：85-88+100.

［112］陆亚秋，梁榜，王超，等 . 四川盆地涪陵页岩气田江东区块下古生界深层页岩气勘探开发实践与启示［J］. 石油与天然气地质，2021，42（1）：241-250.

［113］罗东坤，夏良玉 . 煤层气目标区资源经济评价方法［J］. 大庆石油学院学报，2009，33（4）：115-119+145.

［114］罗东坤，袁杰辉，接桂馨 . 页岩气开发地面工程环境影响及控制［J］. 油气田地面工程，2014，33（11）：6-7.

［115］吕晓岚，罗淦 . 地质调查项目绩效评价指标体系研究［J］. 河北地质大学学报，2021，44（2）：120-126.

［116］吕镯 . 财政政策对制造业全要素生产率的影响路径及促进机制研究［D］. 吉林大学博士学位论文，2018.

［117］马新华，谢军 . 川南地区页岩气勘探开发进展及发展前景［J］. 石油勘探与开发，2018，45（1）：1-9.

［118］马永生，蔡勋育，赵培荣 . 中国页岩气勘探开发理论认识与实

践［J］. 石油勘探与开发，2018，45（4）：1-14.

［119］孟浩. 加拿大页岩气开发现状及启示［J］. 世界科技研究与发展，2014，36（4）：465-469.

［120］米华英，胡明，冯振东，等. 我国页岩气资源现状及勘探前景［J］. 复杂油气藏，2010，3（4）：10-13.

［121］聂海宽，刘光祥，张光荣，等. 四川盆地五峰组—龙马溪组主要页岩气藏及其富集高产特征［A］//中国石油学会天然气专业委员会. 第31届全国天然气学术年会（2019）论文集（03非常规气藏）［C］. 中国石油学会天然气专业委员会：中国石油学会天然气专业委员会，2019：1.

［122］倪楷，王明筏，李响. 四川盆地东南缘页岩气富集模式——以丁山地区上奥陶统五峰组—下志留统龙马溪组页岩为例［J］. 石油实验地质，2021，43（4）：580-588.

［123］欧阳剑桥. 涪陵页岩气田油气资源管理探讨［J］. 江汉石油职工大学学报，2020，33（6）：99-101.

［124］潘继平，娄钰，王陆新. 中国天然气勘探开发增储上产潜力及其政策建议［J］. 天然气技术与经济，2018，12（6）：2-6+81.

［125］彭彩珍，任玉洁. 页岩气开发关键新型技术应用现状剂挑战［J］. 当代石油石化，2017，25（1）：24-27+33.

［126］彭民，雷鸣，杨洪波，等. 我国页岩气资源开发中的环境政策选择——基于环境空间差异的考虑［J］. 生态经济，2016，32（4）：208-213.

［127］仇鑫华，王震，丛威. 基于委托—代理模型的我国深水油气合作激励机制研究［J］. 中国能源，2016，38（8）：21-24.

［128］邱振，江增光，董大忠，等. 巫溪地区五峰组—龙马溪组页岩有机质沉积模式［J］. 中国矿业大学学报，2017，46（5）：923-932.

［129］任曙明，吕镯. 融资约束、政府补贴与全要素生产率——来自中国装备制造企业的实证研究［J］. 管理世界，2014（11）：16-29+193.

［130］邵敏. 信贷融资、人力资本与我国企业的研发投入［J］. 财经研究，2012，38（10）：101-111.

［131］史建勋，王红岩，赵群，等. 不同生产评价周期对页岩气项目

投资收益的影响 [J]. 中外能源，2021，26（8）：36-42.

[132] 石文香. 基于三方参与主体视角的种植业保险保费补贴绩效评价研究——以济南市种植业保险为例 [D]. 山东农业大学博士学位论文，2019.

[133] 税野恒. 考虑气价补贴条件下基于实物期权的页岩气投资决策研究 [D]. 重庆大学硕士学位论文，2018.

[134] 苏奎，金振奎，杜宏宇，等. 中上扬子地区早寒武世梅树村期岩相古地理 [J]. 科技导报，2009，27（10）：26-31.

[135] 孙红霞，吕慧荣. 新能源汽车后补贴时代政府与企业的演化博弈分析 [J]. 软科学，2018，32（2）：24-29.

[136] 孙慧. 我国天然气产业结构分析与优化升级研究 [D]. 中国地质大学博士学位论文，2018.

[137] 孙金凤，单凯. 中美页岩气扶持政策梳理和实施效果研究 [J]. 中国石油大学学报（社会科学版），2021，37（4）：18-24.

[138] 汤萱，谢梦园. 战略性新兴产业产能效率与政府补助行为——基于新一代信息技术产业上市公司的实证分析 [J]. 学术研究，2017（3）：89-97+178.

[139] 田甜铭梓，贾镇豪. 引入社会资本促进页岩气开发的路径研究——以云南省为例 [J]. 中国集体经济，2021（21）：19-21.

[140] 万剑飞. 财政补贴对企业绩效的影响及门槛效应研究 [D]. 对外经济贸易大学硕士学位论文，2016.

[141] 王纪伟，宋丽阳，聂海宽. 页岩气开发利用补贴政策深度优化建议 [J]. 当代石油石化，2023，31（4）：4-8.

[142] 王镜. 基于博弈分析的城市公共交通定价及补贴的理论与方法研究 [D]. 北京交通大学博士学位论文，2008.

[143] 汪金伟. 我国页岩气资源开发利用效益评估与商业化政策研究 [D]. 中国地质大学博士学位论文，2016.

[144] 王玉满，黄金亮，王淑芳，等. 四川盆地长宁、焦石坝志留系龙马溪组页岩气刻度区精细解剖 [J]. 天然气地球科学，2016，27（3）：423-432.

[145] 王南，刘兴元，杜东，等．美国和加拿大页岩气产业政策借鉴[J]．国际石油经济，2012，20（9）：69-73+106.

[146] 王能全．全球低碳转型尚需艰苦努力——读国际能源署 2018 年全球能源消费报告有感［N］．石油商报，2019-04-22（6）.

[147] 王薇，艾华．政府补助、研发投入与企业全要素生产率——基于创业板上市公司的实证分析［J］．中南财经政法大学学报，2018（5）：88-96.

[148] 魏静．我国页岩气产业发展问题与对策研究［D］．中国地质大学（北京）硕士学位论文，2019.

[149] 魏志华，吴育辉，李常青，等．财政补贴，谁是“赢家”——基于新能源概念类上市公司的实证研究［J］．财贸经济，2015（10）：73-86.

[150] 温忠麟，叶宝娟．中介效应分析：方法和模型发展［J］．心理科学进展，2014（5）：731-745.

[151] 吴放．页岩气开发项目社会影响评价研究［D］．西南石油大学硕士学位论文，2017.

[152] 吴杰，董超．美国天然气管制的历史及启示［J］．石油大学学报（社会科学版），2001（3）：17-19.

[153] 吴连翠，谭俊美．粮食补贴政策的作用路径及产量效应实证分析［J］．中国人口·资源与环境，2013，23（9）：100-106.

[154] 吴西顺，孙张涛，舒思齐，等．世界页岩气发展形势及政策分析［J］．中国矿业业，2015，24（6）：11-17+28.

[155] 夏岩磊，刘冰，李丹．“全创改试验”政策效果评估：独善其身还是惠及四野［J］．中国科技论坛，2020（11）：26-37.

[156] 向鹏成．城市轨道交通 PPP 项目激励性财政补贴研究［J］．华东经济管理，2019，11（2）：102-107.

[157] 项升，江激宇，方莹．粮食生产效率的影响因素：一个文献综述［J］．新疆农垦经济，2020（12）：85-92.

[158] 谢春来．DCF 模型在我国天然气企业价值评估中的应用研究［D］．江西财经大学硕士学位论文，2016.

［159］徐东，孙春芬，梁成勋．中国页岩气开发经济效益影响因素分析及政策建议［J］．国际石油经济，2018，26（2）：7-14.

［160］徐海波．公交特许经营成本桂枝和补贴政策机制研究［J］．交通财会，2011（10）：62-65.

［161］熊亚楠．基于熵值法的贵州省 9 个市州产业扶贫绩效评价研究［J］．国土与自然资源研究，2021（5）：44-47.

［162］熊勇清，范世伟，刘晓燕．新能源汽车财政补贴与制造商研发投入强度差异——制造商战略决策层面异质性视角［J］．科学学与科学技术管理，2018，39（6）：72-83.

［163］杨冰，马光文．页岩气开发中多方利益主体关系协调研究［J］．中国能源，2013，35（8）：11-14+24.

［164］杨济源，李海涛，张劲，等．四川盆地川南页岩气立体开发经济可行性研究［J］．天然气勘探与开发，2019，42（2）：95-99.

［165］杨可．基于 VFM 理论的页岩气开发 PPP 模式研究［D］．西南石油大学硕士学位论文，2018.

［166］杨震，孔令峰，杜敏，赵晨晖．国内致密砂岩气开发项目经济评价和财税扶持政策研究［J］．天然气工业，2016，36（7）：98-109.

［167］雍锐，常程，张德良，等．地质—工程—经济一体化页岩气水平井井距优化——以国家级页岩气开发示范区宁 209 井区为例［J］．天然气工业，2020，40（7）：42-48.

［168］于婷婷．基于不完全信息讨价还价博弈的城市轨道交通 PPP 项目价格补偿机制研究［D］．东北财经大学硕士学位论文，2016.

［169］于洋．非常规气的非常规补贴［J］．中国石油化，2019（16）：50-53.

［170］袁本祥．页岩气开发投资与财务风险问题研究——以我国某页岩气区块为例［D］．中国石油大学（北京）硕士学位论文，2016.

［171］袁汝华，廖悦．重大水利工程 PPP 项目政府补贴模型及市政分析［J］．科学管理研究，2019（13）：245-249.

［172］苑晓辉．我国非常规油气资源开发财税政策研究［D］．中国石油大学（华东）硕士学位论文，2016.

［173］云小鹏．基于 CGE 模型的能源与环境财税政策协同影响效应研究［J］．经济问题，2019（7）：37-44.

［174］翟刚毅，王玉芳，包书景，等．我国南方海相页岩气富集高产主控因素及前景预测［J］．地球科学，2017，42（7）：1057-1068.

［175］展翔翔．收费公路 PPP 项目收益补偿模型研究［D］．兰州交通大学硕士学位论文，2017.

［176］张宝民，张水昌，边立曾，金之钧，王大锐．浅析中国新元古—下古生界海相烃源岩发育模式［J］．科学通报，2007（S1）：58-69.

［177］张春葆．页岩气开发利用的综合效益评估模型研究［D］．中国石油大学（北京）硕士学位论文，2023.

［178］张宏，董爱．城市综合管廊 PPP 项目政府补贴测算方法研究［J］．价值工程，2020，39（1）：73-76.

［179］张抗，于洋．对于非常规天然气补贴“新政”的几点认识［J］．天然气工业，2019，39（11）：126-131.

［180］张抗．非常规天然气补贴“新政”出台非常规气，这点补贴还不够［J］．中国石油石化，2019（15）：40-43.

［181］张美娟．中国页岩气企业绩效影响因素的研究——基于财税政策视角［D］．西南财经大学硕士学位论文，2020.

［182］张鹏，林科君．天然气井的社会影响评价研究［J］．油气田环境保护，2014，24（6）：18-21+64-65.

［183］张倩菲．非常规天然气市场供给研究——基于政府补贴的动态博弈模型［D］．重庆大学硕士学位论文，2017.

［184］张前荣，张语桐，曾凤章．基于博弈的委托代理关系分析［J］．商场现代化，2007（3）：336-337.

［185］张廷山，赵国安，陈桂康，等．我国页岩气革命面临的问题及对策思考［J］．西南石油大学学报（社会科学版），2016，18（2）：1-8.

［186］张伟，唐炜，余建，等．太阳构造页岩气水平井固井技术研究与应用［J］．石油化工应用，2021，40（5）：28-32+46.

［187］张学达．基于 AHP 和 DEA 算法的吉林省农业保险财政补贴政策绩效评价研究［D］．吉林大学硕士学位论文，2020.

［188］赵国泉．国外页岩气产业政策及其对我国的启示［J］．中国煤炭，2013，39（9）：23-27.

［189］赵群，姜馨淳，杨慎，等．中国页岩气资源财税扶持政策对产业发展的影响［J］．中外能源，2019，24（3）：27-33.

［190］赵文光，夏明军，张雁辉，等．加拿大页岩气勘探开发现状及进展［J］．国际石油经济，2013，21（7）：41-46.

［191］赵熙．政府科技投入对企业创新产出的影响——基于面板固定效应模型的实证分析［J］．中国农业会计，2021（8）：22-23.

［192］周冯琦，刘新宇，陈宁．中国新能源发展战略与新能源产业制度建设研究［M］．上海：上海社会科学出版社，2016.

［193］周浩，李红．新疆农机购置补贴政策绩效区域差异研究［J］．农机化研究，2014，36（2）：40-43+47.

［194］周红，朱芳冰．基于优化组合权—灰关联—TOPSIS 的页岩气有利区优选［J］．地质科技情报，2018，37（5）：106-113.

［195］周坚，张伟，陈宇靖．粮食主产区农业保险补贴效应评价与政策优化——基于粮食安全的视角［J］．农村经济，2018（8）：69-75.

［196］周娜，吴巧生，汪金伟．中国页岩气产业发展的财税政策仿真［J］．中国地质大学学报（社会科学版），2019，19（3）：75-89.

［197］周涛．四川威远区块页岩气开发能源投入回报研究［D］．中国石油大学（北京）硕士学位论文，2016.

［198］郑马嘉，唐洪明，伍翊嘉，等．威远东地区下志留统龙马溪组深层页岩气沉积相研究［A］//西安石油大学，陕西省石油学会．2019 油气田勘探与开发国际会议论文集［C］．西安石油大学，陕西省石油学会：西安石油大学，2019：3.

［199］朱凯．美国能源独立的构想与努力及其启示［J］．国际石油经济，2011，19（10）：34-47+107.

［200］邹彩芬，余茜．环境规制对技术创新的影响：分行业研究［J］．南京工业大学学报（社会科学版），2017，16（2）：70-75.

［201］邹才能，董大忠，王玉满，等．中国页岩气特征、挑战及前景（一）［J］．石油勘探与开发，2015，42（6）：689-701.

［202］邹才能，董大忠，杨烨，等．中国页岩气形成条件及勘探实践［J］．天然气工业，2011，31（12）：26-39.

［203］左磊．重庆页岩气产业收益率分析及建议［J］．中外能源，2021，26（3）：91-96.

附录一　页岩气开发补贴绩效评价指标筛选调查问卷

尊敬的先生/女士：

您好！感谢您能参与调查，配合此项工作。

我已通过文献查阅/行业分析等建立了初步的页岩气开发补贴绩效评价指标体现，但由于自身局限性，特请各位专家对以下列表中所列举30项补贴绩效评价指标的重要程度进行分析，并给出相应评分，在建议栏填写您的宝贵意见。您的回答对我们的研究将会有很大的帮助，本次调研结果将严格保密。

最后，真诚感谢您的支持，祝您身体健康、事业如意！

请根据指标名称在得分栏填入您认为该指标对页岩气开发补贴绩效的重要程度得分，满分10分。

序号	页岩气开发补贴绩效评价指标		
	一级指标	二级指标	重要程度得分
1	财务	内部收益率	
2		投资回收期	
3		单位产气成本下降率	
4		企业总资产增长率	
5		企业利润增长率	
6		政府投资增长率	
7		政府税收增长率	
8		补贴占财政收入比重	
9		政府对项目监管成本	

续表

序号	页岩气开发补贴绩效评价指标		
	一级指标	二级指标	重要程度得分
10	效率	生产积极性	
11		项目建设期缩短	
12		产气时间提前	
13		开采年限延长	
14		新技术设备应用	
15		员工专业技术水平	
16		年开采量提升率	
17		有效沟通	
18		公众满意度增长率	
19	规模	生产积极性提升	
20		企业参与度	
21		市场地位	
22		区块开采程度	
23		项目数量增长率	
24	可持续	人均 GDP	
25		就业率增加	
26		水资源消耗	
27		替代高碳能源	
28	风险	风险发生率	
29		风险分散程度	
30		总风险量减少	

您对此页岩气开发补贴绩效评价指标体系的意见和建议：

____

____

____

附录二　页岩气开发补贴绩效评价体系指标权重调查问卷

尊敬的先生/女士：

您好！感谢您能配合此项工作调查。

此次调查目的是通过您对涪陵气田/威远地区某个页岩气开发项目补贴绩效评价指标的打分，得到页岩气开发补贴绩效评价指标的权重。打分规则：评价指标与补贴极度相关，10 分；评价指标与补贴较相关，8~9 分；评价指标与补贴相关性一般，4~7 分；评价指标与补贴不相关，0~3 分。请您填写自己较为了解的项目名称，以及对表格中列举的维度与评价指标得分。

您了解的页岩气开发项目名称：________________________

一级指标	维度得分	二级指标	二级指标得分
财务维度		单位产气成本	
		企业总投资增长率	
		企业利润增长率	
		政府投资增长率	
		政府税收增长率	
		补贴占财政收入比重	
效率维度		企业生产积极性	
		新技术设备应用	
		页岩气年开采量提升率	
规模维度		区块开采程度	
		项目数量增长率	
风险维度		风险分散程度	

附录三　页岩气区块资源禀赋及开采条件评价指标主观权重调查问卷

尊敬的先生/女士：

您好！感谢您能配合此项工作调查。

此调查旨在确定页岩气资源禀赋及开采条件各指标对有利区划分的影响权重。通过对12项指标间两两比较相对重要性进行判断打分。打分规则：采用3标度法，“0分”表示前者不如后者重要，“1分”表示两个指标重要性相同，“2分”表示前者比后者重要。请您根据自己的经验与观点填写判断矩阵。

序号	一级指标	二级指标
1	资源禀赋条件 C_1	有机碳含量 C_{11}
2		有机质成熟度 C_{12}
3		孔隙度 C_{13}
4		页岩厚度 C_{14}
5		含气量 C_{15}
6		脆性矿物含量 C_{16}
7		目的层埋深 C_{17}
8		断层类型 C_{18}
9		地层压力系数 C_{19}
10		盖层厚度 C_{20}
11	开采条件 C_2	地形坡度 C_{21}
12		天然气管网设施 C_{22}

二级指标评判矩阵：

C_1	C_{11}	C_{12}	C_{13}	C_{14}	C_{15}	C_{16}	C_{17}	C_{18}	C_{19}	C_{20}	C_{21}	C_{22}
C_{11}	1											
C_{12}		1										
C_{13}			1									
C_{14}				1								
C_{15}					1							
C_{16}						1						
C_{17}							1					
C_{18}								1				
C_{19}									1			
C_{20}										1		
C_{21}											1	
C_{22}												1

再次真诚地感谢您给予的支持。祝您身体健康、事业如意！

附录四　页岩气开发补贴测算模型中涉及的相关参数汇总

参数名称	字母设置	含义
项目建设期投入费用	I	
项目建设期长	T_0	
项目运营期长	T_1	
全生命周期长	T	
政府补贴实际额	S'	
模型测算补贴额	S	
综合补贴系数	$s_{综}$	
基本补贴	s_0	
年产气量	Q	
区块内平均页岩气产量	Q_0	
年度折现率	r	
努力程度与页岩气产量之间的关系系数	k	
可变补贴	s_1	
可变补贴激励强度系数	β	
运营成本	C	
固定运营成本	C_0	
可变运营成本	C'	
成本转化系数	ε	
职工工资	θ_1	
管理费用	θ_2	
经济效益	G	

续表

参数名称	字母设置	含义
企业努力成本系数	c	
社会效益	Bs	
社会效益产出系数	q	
页岩气资源禀赋及开采条件	a	
社会效益产出系数对可变补贴的影响权重	n_1	
页岩气资源禀赋及开采条件对可变补贴的影响权重	n_2	
页岩气气价	p	
努力程度	e	
企业绝对风险规避系数	ρ	
外生随机变量的方差标准值	σ^2